S

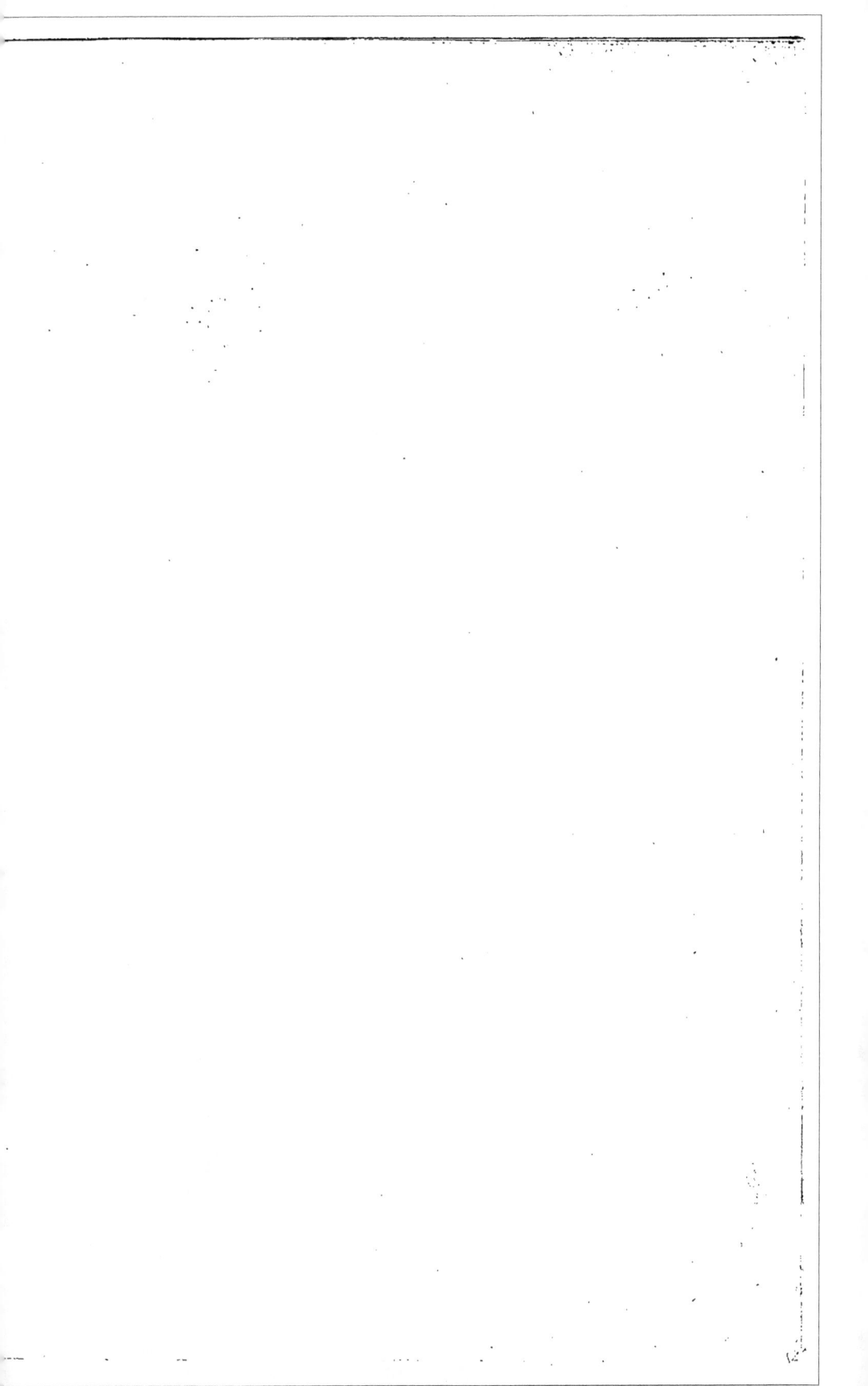

27642

NOTICE SUR LA RACE CHEVALINE

DU DÉPARTEMENT DE LA CREUSE

ET L'ÉTAT DE SA PRODUCTION.

©.

NOTICE

SUR LA

RACE CHEVALINE

DU DÉPARTEMENT DE LA CREUSE

ET

L'ÉTAT DE SA PRODUCTION

PAR **F.-A. GÉRIG,**

Vétérinaire en premier au dépôt de remonte de Guéret,

Chevalier de la Légion d'Honneur.

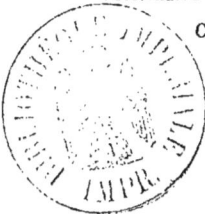

GUÉRET,

IMPRIMERIE DUGENEST, RUE DU MARCHÉ, 3.

1862.

INTRODUCTION.

L'industrie chevaline du département de la Creuse, depuis plus de trois ans, nous préoccupe vivement. Comme la gravité de cette question intéresse tout à la fois l'agriculture, l'industrie et la remonte de l'armée, nous avons tenu à descendre au fond des choses. Pour nous rapprocher le plus près possible de la vérité nous avons étudié avec soin, 1° la topographie du département, son aspect général, la constitution physique du sol; 2° les règnes animal, végétal et minéral; 3° la division du sol en terres labourables, en prairies et en bois; 4° le genre de culture qui y est adopté; 5° l'espèce des fourrages qui y sont récoltés; 6° enfin, le climat avec les observations météorologiques.

Ces renseignements nous ont paru indispensables pour nous rendre plus facile l'étude de la multiplication et de l'amélioration de l'espèce chevaline, pour nous permettre d'assigner à la localité qui nous occupe, l'espèce de chevaux que les propriétaires ont le plus d'intérêt à élever et de démontrer les avantages qu'on doit trouver dans un meilleur choix d'étalons et de juments, ainsi que dans le perfectionnement des soins à donner aux élèves.

Les observations des naturalistes et l'expérience démontrent clairement que les espèces de chevaux varient suivant le terrain, le climat et les lieux où elles sont élevées.

Par conséquent, ceux qui n'en tiennent pas compte en amélioration des races, ceux qui prétendent surtout que l'on peut faire partout les mêmes individus par les mêmes moyens, n'ont certainement pas étudié le principe qui régit la marche de la création, ou bien manquent d'esprit d'observation ou de jugement. En effet, ils ignorent que la nature a ses lois, toujours uniformes, immuables; que leur action est incessante, rigoureuse comme la combinaison des éléments qui la subissent. Ceux qui luttent contre ces lois avec un certain avantage passager, par des procédés factices, que la science enseigne, du reste, qu'ils le fassent par amour-propre ou dans un but de spéculation, pour établir des chevaux de course, possèdent, tout à la fois, la fortune et le savoir. Ces procédés ne peuvent donc être mis en pratique par le simple cultivateur : pour lui, il ne s'agit pas seulement de faire des chevaux, mais de savoir si on peut les faire bons et avec avantage.

En résumé, tout ce que nous dirons n'est pas notre opinion exclusive, mais bien aussi celle de tous ceux qui savent dire vrai et que nous avons cherché à traduire et à appuyer par des faits consciencieusement étudiés et observés.

Un mot maintenant pour remercier M. le préfet De Matharel qui a si obligeamment mis à notre disposition la statistique agricole du département;

M. Mallard, ingénieur des mines, pour les renseignements relativement à la constitution physique du sol ;

M. Martin de Lignac, dont les bons renseignements pour la question agricole ne nous ont jamais fait défaut ;

Enfin M. Dugenest, docteur en médecine, qui a bien voulu nous venir en aide pour l'étude botanique.

CHAPITRE I.

TOPOGRAPHIE DU DÉPARTEMENT.

Formé en 1790 de la presque totalité de l'ancienne province de la Marche et de quelques parties du Limousin, du Bourbonnais, du Poitou et du Berri, le département de la Creuse tire son nom de la principale rivière qui y prend sa source et le traverse du Sud-Est au Nord-Ouest; il appartient à la région centrale de la France, et dépend presque entièrement du bassin de la Loire.

Il est situé entre le 0° 15′ et 1° de longitude orientale et le 45° 40′ et le 46° 25′ du méridien de Paris.

Il a pour limites : au Nord, le département de l'Indre ; à l'Ouest, celui de la Haute-Vienne ; au Sud, celui de la Corrèze ; à l'Est, ceux du Puy-de-Dôme et de l'Allier, et au Nord-Est, celui du Cher.

Il s'étend du Sud-Est au Nord-Ouest; il a dans cette direction environ 11 myriamètres de longueur, tandis que du Sud-Ouest au Nord-Est sa plus grande largeur ne dépasse guère 8 myriamètres; sa superficie est de 5,584 kilomètres carrés, ou de 558,324 hectares.

— 8 —

ASPECT GÉNÉRAL.

L'aspect du département de la Creuse est en général sauvage et très-pittoresque. Ce pays élevé et très-accidenté appartient à la région géologique dite du plateau central dont la hauteur est de 700 mètres et qui est découpé par une multitude de vallées étroites et escarpées, de 3 à 400 mètres de profondeur. Il s'appuie au Sud sur une chaîne de montagnes assez hautes, formant le plateau de Millevache (Corrèze), ramification occidentale des montagnes de l'Auvergne, qui s'étend sur les départements de la Corrèze et de la Haute-Vienne, sous le nom de montagnes du Limousin, et qui envoie plusieurs rameaux au Nord sur le département.

Le point le plus élevé du département se trouve à l'Est d'Aubusson, il est connu sous le nom de montagne de Sermur, et élevé de 740 mètres. A l'Ouest se trouve une autre montagne qui sépare la Creuse de la Gartempe, et des petits affluents de droite de la Vienne.

Sur ces différents points élevés, il règne constamment une atmosphère froide, souvent glaciale, et généralement les plus élevés d'entr'eux restent cachés sous les neiges quelques mois de l'année. La surface du département entrecoupée par des chaînes de montagnes et par de nombreuses collines offre peu de plaines de quelque étendue. De ces mêmes monticules beaucoup montrent leurs sommets stériles et nus, tandis que d'autres sont couverts de bois ou ombragés, de distance en distance, par des masses sombres de châtaigniers.

Au fond des vallées, on remarque, sur leur lit de gravier, des rivières et des ruisseaux souvent fort encaissés. Ces vallées sont couvertes d'un tapis de verdure. Au-dessus d'elles, les premières pentes des coteaux sont cultivées et plantées en arbres fruitiers, puis viennent des bois de châtaigniers, qui s'étagent les uns au-dessus des autres; de vastes espaces arides, incultes, couverts de quelques maigres arbustes et de lichens, enfin la montagne qui montre à nu les roches schisteuses et granitiques qui la composent. De temps en temps, dans un repli de montagne et sous une exposition un peu moins ingrate, on aperçoit quelques maisons, des champs cultivés et un bouquet de châtaigniers ; ce sont des métairies isolées qui n'ont avec les villages situés au-dessous d'elles dans la plaine que bien peu de rapports.

Sur plusieurs points du département et notamment vers le Sud on trouve des landes immenses qui sont, comme les plateaux couronnant les montagnes, couvertes de bruyères, d'ajoncs, de fougères et de genêts, et dont nous ferons connaître l'étendue.

Constitution physique du sol.

Le département de la Creuse appartient presque dans son entier aux terrains que les géologues désignent sous le nom de terrains primitifs ; les terrains stratifiés anciens, dits terrains de transition, n'y font que de rares apparitions et n'y sont représentés que par quelques lambeaux dont les plus importants se trouvent entre Evaux et Auzême. Le terrain houiller y est représenté par quelques petits bassins enclavés dans les terrains primitifs et le plus considérable est celui d'Ahun, qui recouvre une vingtaine de kilomètres carrés.

On connait encore quelques parcelles de terrain houiller à Bosmoreau, à Mazuras, près de Bourganeuf, à Saint-Michel-de-Vaisse, près de Saint-Sulpice-les-Champs.

Quant aux terrains plus récents ils ne sont représentés que par la portion de terrain tertiaire qui forme la plaine de Gouzon, et par une couche alluvionnelle de nature argilo-sablonneuse qui recouvre d'assez grandes surfaces.

Parmi les terrains primitifs qui recouvrent, comme nous l'avons dit, la plus grande partie du sol, on doit distinguer principalement les terrains schisteux et les terrains granitiques. La limite entre ces deux terrains court à peu près de l'Est à l'Ouest, et serait assez bien figurée par une ligne qui, partant de Saint-Silvain-bas-le-Roc, au Sud de Boussac, aboutirait à Saint-Agnant-de-Versillat, au nord de la Souterraine.

Les terrains schisteux s'étendent au Nord de cette ligne, les terrains granitiques au Sud.

L'un et l'autre de ces terrains sont imperméables, formés tous les deux presque exclusivement de silice et d'alumine, ils donnent par leur décomposition un sol arable, de nature argilo-siliceuse, dans lequel l'absence de la chaux rend peu fructueuse la culture des céréales; dans l'une et l'autre région les vallées, quoique ayant généralement d'assez fortes pentes, sont tourbeuses dans les fonds; les eaux sont vives et presque toujours très-pures, ne contenant en dissolution qu'un fort petit nombre de sels.

A côté de ces ressemblances il y a d'assez nombreuses différences qui séparent nettement les deux terrains.

Les terrains schisteux ont une altitude moins grande que celle que possède habituellement le terrain granitique; ce dernier est accidenté par de nombreux mamelons aux croupes arrondies, disposés confusément et sans ordre; les terrains schisteux forment presque une vaste plaine peu accidentée si ce n'est par quelques vallées profondes aux abords escarpés, qui se présentent en de rares endroits.

Les terrains schisteux donnent par leur décomposition un terrain argilo-sablonneux où l'argile prédomine le plus souvent, tandis que le contraire a lieu ordinairement pour les terrains granitiques. Le sol arable du terrain schisteux est en général plus profond.

Il résulte de ces caractères que les terrains schisteux peuvent, avec des amendements, devenir assez propres à la culture des céréales, tandis qu'une pareille transformation est généralement à peu près impossible dans les terrains granitiques, maigres et peu profonds, là, du moins, où des alluvions argileuses ne sont pas venues recouvrir le sol. De pareilles alluvions recouvrent, en effet, assez fréquemment le granit, surtout dans les endroits où celui-ci présente un espace plat, un peu grand. Ces alluvions argileuses servent dans le pays à l'entretien des tuileries.

Après avoir donné les caractères généraux des terrains schisteux et des terrains granitiques, nous devons dire un mot des nuances principales que l'on observe respectivement dans ces deux terrains.

Les terrains schisteux ordinaires sont quelques fois remplacés par des amphibolites; cette roche contient une assez grande quantité de chaux, qui se retrouve dans le sol arable auquel elle donne une fertilité relative assez grande. On trouve ces roches principalement près de Châtelus, de Lourdoucix-Saint-Pierre, du Bourg-d'Hem, etc.

Quant aux terrains granitiques, quelques-uns d'entr'eux présentent une maigreur exceptionnelle; tels sont les terrains qui se trouvent dans la partie la plus élevée du département, à Royère, à Gentioux, etc.

Dans toute cette contrée le sol arable est à peu près nul, en sorte qu'on n'y voit presque aucune culture; les arbres même y sont d'une grande rareté. Les vallées sont larges et recouvertes d'une couche tourbeuse d'une assez grande épaisseur pour être exploitée avantageusement dans un pays où le bois est rare.

En somme, si on voulait faire l'étude géologico-agronomique du département de la Creuse, on pourrait se contenter d'observer la constitution du sol, dans les quelques localités suivantes prises pour type : Dun et Châtelus pour les terrains schisteux, Guéret, le Grand-Bourg, pour les terrains granitiques ordinaires, Royère, Gentioux, pour les terrains granitiques du Sud.

Si maintenant on nous demandait quel est le programme que doivent se tracer les agriculteurs intelligents, nous répondrions:

Amélioration du sol par les amendements, mais seulement là où le sol arable est profond et l'amendement à bon prix, c'est-à-dire dans un petit nombre de localités : partout où l'amendement n'est pas possible abandonner à peu près complétement la culture des céréales; convertir en prairie par des irrigations entreprises sur une grande échelle, toute la partie du sol que l'on pourra et reboiser le reste.

D'après ce qui précède, il résulte : 1° que la nature du sol est un obstacle à la production des racines, si indispensables pour la nourriture du bétail, qui est l'industrie la plus lucrative dans la Creuse; 2° que la faiblesse reconnue du rendement du sol ne peut être attribuée qu'à sa nature granitique, à son peu de fertilité et à l'absence complète de l'élément calcaire.

COURS D'EAU.

Le département de la Creuse est arrosé par un grand nombre de cours d'eau, peu considérables il est vrai, mais qui tous y ont leur source et dont les principaux sont : la Creuse et son affluent la Petite-Creuse, le Cher et son affluent la Tardes, la Gartempe, la Vienne et son affluent le Thorion, tous affluents ou sous-affluents de la Loire, et le Chavanon, affluent de la Dordogne.

La Creuse prend sa source dans le département même, dans une fontaine du village de Croze, canton de la Courtine, arrondissement d'Aubusson; elle passe à Clairavaud, Felletin, Aubusson, le Moutier-d'Ahun, la Celle-Dunoise, Fresselines, Crozant et entre ensuite dans le département d'Indre-et-Loire qu'elle traverse pour se jeter dans la Vienne, au Bec-des-Eaux, au-dessous du Port-de-Piles, après un cours d'environ 268 kilomètres, dont 80 appartiennent au département : c'est par rapport au lit resserré par des coteaux escarpés et très-rapprochés dans lesquels la Creuse coule qu'on lui a donné son nom.

Dans les crues extraordinaires les eaux de la Creuse s'élèvent à 10 mètres, tandis que dans les grandes chaleurs, la Creuse demeurerait presque entièrement à sec, sans les digues des moulins et des gués ou des barres naturelles qui y sont très-multipliées et qui retiennent les eaux dans une espèce de stagnation. A Fresselines, la Creuse reçoit la Petite-Creuse; celle-ci vient du village de Lairat, passe à Boussac, à Genouillat, et a environ 50 kilomètres de cours.

Aucune de ces rivières n'est navigable sur le territoire du département ; on fait seulement flotter du bois de chauffage à bûches perdues sur la Creuse, le Thorion et la Petite-Creuse.

Le département renferme dans son intérieur un grand nombre d'étangs, de pêcheries et de retenues d'eau qui servent à l'irrigation des prairies et ainsi réparties :

Arrondissement de Guéret...	837	10
— de Boussac......... ...	464	37
— d'Aubusson...........	1,100	98
— de Bourganeuf.........	344	97
Total............	2,747	42

Vallées.

Le département de la Creuse, dont la hauteur est de 700 mètres au-dessus du niveau de la mer, est découpée par une multitude de vallées étroites, escarpées, de 300 à 400 mètres de profondeur.

Sur les versants de ces petites vallées qui sillonnent le pays on aperçoit des roches granitiques superposées d'où s'échappe un nombre considérable de sources que l'on utilise avec les eaux de pluie au profit de l'irrigation, sujet sur lequel nous reviendrons d'une manière plus étendue, à l'article Culture, en parlant des travaux dirigés avec ce savoir intelligent qui caractérisent son auteur (*). Nous avons visité et étudié dans tous ses détails le beau spécimen de ce système, qui a reçu l'approbation la plus flatteuse de M. Nadauld de Buffon et que l'on devrait généralement adopter.

Eaux minérales.

Outre les eaux thermales d'Evaux (chef-lieu de canton de l'arrondissement d'Aubusson), recommandées contre les rhumatismes et blessures anciennes, le département possède encore plusieurs autres sources d'eaux minérales, presque toutes ferrugineuses. C'est ainsi qu'il en existe une à Felletin, à base d'oxide de fer, une à Chaumeix, canton de Boussac, à base de sulfure de fer.

Un seul établissement d'eaux thermales existe dans la Creuse; il est situé à un quart de lieue Nord d'Evaux, chef-lieu de canton assez important et à 44 kilomètres au Nord-Est d'Aubusson, et à plus de 200 mètres au-dessous du niveau de la ville et dans un vallon peu spacieux. Cet établissement est alimenté par plusieurs sources dont la découverte remonte, d'une manière certaine, à la plus haute antiquité.

La forme de quelques bains, les matériaux qui les composent, le ciment qui les lie, un reste de voie romaine d'Evaux à Felletin, passant par la Chaussade, et plusieurs monuments romains découverts à diverses époques dans les fouilles faites aux alen-

(*) Chez M. Martin de Lignac, propriétaire à Montlevade, à 3 kilomètres de Guéret.

tours, tout annonce que la construction de ces thermes appartient au siècle d'Auguste.

Les sources, au nombre de quinze, coulant la plupart de l'Est à l'Ouest et paraissant avoir une origine commune, sont disséminées dans deux bassins et trois bâtiments. Les deux sources qui entretiennent le premier bassin nommées le Puits-de-César offrent chacune 48° au thermomètre de Réaumur ; celles du second bassin nommées Fontaine-du-Grand-Puits, Fontaine-des-Cornets-Supérieurs et des Cornets-Inférieurs, offrent de 0 à 44°, les fontaines des bâtiments ont de 36 à 40°, une petite fontaine isolée des autres n'a que 24°.

Ces eaux sont salines, très-limpides, ont un goût fade, mousseux, lorsqu'elles sont chaudes et un peu salé lorsqu'elles sont froides ; prises à la source elles ont une odeur très-sensible d'œufs pourris, qui se dissipe à mesure qu'elles se refroidissent. On les administre en douches et boissons et avec succès dans les affections rhumatismales.

D'après l'analyse faite par M. O. Henry elles contiennent des traces de bromures, d'iodures alcalins, de matière organique azotée, de silicate, de lithine, etc.

CHAPITRE II.

RÈGNE ANIMAL.

De tous les animaux qu'élève le département de la Creuse, le bœuf est sans contredit le moins rare et le plus utile.

La race limousine est rare dans la Creuse ; on lui préfère la race poitevine qu'on appelle soit *choletaise*, parce que c'est dans la ville de Cholet où se tient le principal marché des bœufs gras, soit *parthenaise* du nom de l'arrondissement où l'on produit beaucoup de bœufs.

Le type de la race limousine vient de la Haute-Vienne, la taille est au-dessus de la moyenne, la tête est légère, les cornes fortes, légèrement aplaties et dirigées en avant, le garrot est mince, la ligne du dos horizontale, la côte plate, la peau souple, le poil jaune, plus pâle autour des yeux et à la face interne des membres; cette race fournit de bons bœufs de boucherie et de bons travailleurs; mais la vache est mauvaise laitière.

Dans la Creuse cette race se modifie, elle devient plus rustique sans doute par l'influence du climat et de l'alimentation : c'est ainsi que sa peau est plus épaisse, le poil plus rouge, et l'ensemble plus trapu que dans le Limousin. Chez certains éleveurs on l'améliore par elle-même quant aux formes; car nous avons vu plusieurs bœufs ayant les caractères de finesse de la race type, mais avec cela un garrot épais avec une poitrine ample et profonde. A ceux achetés dans la Haute-Vienne, leur faut-il plusieurs mois pour s'habituer au régime et au climat de la Creuse, en ce cas on dit qu'ils ont fait leur *crainte*.

La race poitevine généralement appelée parthenaise dans la Creuse est d'une taille moyenne, la tête légère et expressive, l'œil proéminant, les cornes assez longues et bien plantées, le corps bien pris et près de terre, la ligne du dos horizontale, mais l'origine de la queue très-haut plantée, le caractère est très-doux, et la vache est assez bonne laitière (*). Le lait est d'une qualité supérieure aux autres, il ne faut que douze litres pour une livre de beurre, tandis qu'il faut quinze et seize litres en moyenne; mais lorsque la vache a fait plusieurs veaux, le rein parait comme plongé, la couleur presque constante de la robe est le jaune fauve et le poids du bœuf flotte entre quatre et cinq cents livres; elle est bonne au travail, s'engraisse bien et fournit de la viande de première qualité, aussi est-elle en honneur auprès de la boucherie parisienne, parce que, à poids égal, elle donne plus de suif que les autres races, et, par conséquent, laisse plus de profit au boucher, car celui-ci ne paye que la viande nette. Il est du reste reconnu que le bœuf de la Creuse est plus peti

(*) M. Martin de Lignac possède en ce moment quarante vaches qui lui fournissent 430 litres de lait très-riche, par jour.

que le limousin, mais comme les mâles seuls travaillent et qu'on ne demande généralement aux vaches que le lait et des veaux, cette race suffit aux besoins de l'économie rurale.

On vend ordinairement la moitié des produits à trois ans; l'autre moitié travaille jusqu'à sept ans, puis est mise à l'engraissement.

Quels sont dans ces deux hypothèses les animaux qui donnent le plus de bénéfice?

A ce sujet M. Jacques Valserres s'exprime ainsi:

« Je vais avec M. Montaudon-Desfougères tâcher de résoudre « ce problême. Il s'agit de savoir ce qu'un bœuf coûte d'entre-« tien et ce qu'il rapporte au moment de la vente. Prenons le « veau à sa naissance, comme la mère ne travaille pas, il faut « porter au débit du jeune produit la nourriture de la vache pen-« dant les neuf mois de gestation et pendant les trois mois de « lactation, soit 100 fr.; ci....... .... 100 »

« De trois mois à six mois, nourriture du veau au pâ-« turage................... .... 10 »

« De six mois à un an, moitié à l'étable, 250 kilo-« grammes de foin à 5 fr. les 100 kilogrammes et moi-« tié au pâturage................................ 23 »

« Total de la dépense en une année... 133 »
« Deuxième année, sept mois de pacage à 5 fr. par « mois... 35 »

« Cinq mois d'étable à 5 kilogrammes de foin par « jour.. 35 »

Total à la fin de la deuxième année.. .. 203 »
« Troisième année.......................... 70 »

Total à la fin de la troisième année..... 273 »

« Lorsqu'on vend le bœuf à cet âge, il faut déduire de cette « somme, 30 fr. de lait fourni par la mère, en dehors de la nour-« riture du veau, et 25 fr. de fumier. La dépense nette s'élève « donc à 218 fr. La vente du bœuf couvre-t-elle cette dépense?

« L'année dernière l'éleveur rentrait à peu près dans ses débour-
« sés; mais avec la mauvaise récolte en fourrages de cette année,
« un sujet de trois ans se vend à peine de 150 à 160 francs, la
« perte est donc considérable. En est-il de même des vieux bœufs
« préparés pour la boucherie? Non, ceux-ci du moins s'ils ne don-
« nent pas de profit ne laissent pas de perte; de trois ans à six
« ans et demi, le bœuf de labour gagne amplement sa nourriture
« par son travail; en outre il a produit au moins pour 25 francs
« de fumier, somme que je trouve insuffisante. L'engraissement
« commence au pâturage, une tête absorbe l'herbe d'un peu plus
« d'un hectare, on l'évalue à 60 francs, on le rentre ensuite à
« l'étable et durant un mois on finit l'engraissement avec du foin,
« des raves et des farineux. Cette seconde façon est estimée 40
« francs; au moment de la vente, le bœuf coûte :

« Dépenses des trois premières années............ 218 »
« Engraissement.............................. 100 »

Total de la dépense.............. 318 »

« Ainsi traité, le bœuf n'est pas très-gras, mais il pèse en mo-
« yenne 350 kilogrammes de viande nette, que l'on vend au moins
« 1 franc le kilogramme; il reste donc par tête, à l'éleveur, une
« marge de 32 francs, plus 25 francs de fumier. »

D'après ce qui précède, on voit que le système le plus favorable
consiste à faire naître, à élever, à mettre sous le joug et à en-
graisser pour la boucherie. Mais il n'en est pas de même pour la
vente de l'animal à trois ans; durant toute cette période de son
existence, l'animal a fait des dépenses sans autre compensation
que le croît qui, très-souvent, n'offre pas un avantage pécuniaire.

M. Martin de Lignac suit un tout autre système; il possède à
Montlevade quarante vaches de la race parthenaise, et emploie
leur lait à la fabrication des conserves pour la marine et les voya-
ges; chaque vache donne en moyenne de 1,800 à 2,000 litres par
saison. Ce lait est très-riche et le beurre qu'il produit, très-ferme,
et d'une belle couleur jaune. L'usine où se préparent les conserves est à côté des bâtiments de ferme: l'outillage comprend un

2

générateur de la force de quatre chevaux-vapeur, deux bassines pour l'évaporation et une chaudière pour bain-marie.

Deux fois par jour, aussitôt après la traite, on verse le lait dans les bassines en cuivre étamé ayant chacune 5 mètres de long, 1 mètre de large, et 10 centimètres de profondeur. On chauffe de 112 à 117°. Le lait acquiert bientôt la température de 70° qu'il ne doit pas dépasser. On ajoute par chaque litre 75 grammes de sucre; l'opération dure quatre heures; il faut tout le temps agiter la masse liquide avec une spatule en bois. Lorsque le lait a perdu le cinq sixième de son volume il prend l'aspect et la consistance pâteuse, on le verse alors dans des boîtes en fer blanc qui contiennent 600 grammes, ce qui représente trois litres de lait normal. Une fois refroidies on soude les boîtes et on les met durant une heure dans un bain-marie chauffé à 100°. Cette opération a pour but de neutraliser l'oxygène libre qui se trouve dans la conserve et qui déterminerait la fermentation. Ainsi préparé le lait se garde indéfiniment. Lorsqu'on veut l'employer on le délaye dans cinq fois son volume d'eau; on le recompose de la sorte aussi savoureux, aussi gras qu'au sortir du pis de la vache.

· En ce moment-ci M. de Lignac fait fabriquer du fromage dont la qualité a déjà une réputation dans le pays, même dans la capitale.

CROISEMENT DE LA RACE PARTHENAISE AVEC LE DURHAM. — RACES OVINE ET PORCINE. — OISEAUX DE BASSE-COUR. — ABEILLES.

M. Martin de Lignac a effectivement obtenu de bons résultats de ce croisement, en ce sens que l'arrière-main de la race parthenaise, généralement peu chargée de viande, est semblable à celle du durham. Nous en avons vu qui à trente mois avaient le développement et la taille d'un bœuf de cinq ans; ils avaient en outre l'encolure forte, l'épaule plus inclinée, le jarret mieux dessiné et beaucoup moins droit, le bassin plus volumineux et surtout chargé de viande; ils sont bons travailleurs et rustiques.

Mais en cultivant ces croisements sur une vaste échelle, ne

pourrait-on pas échouer dans cette entreprise? Cette question
a besoin d'être mûrie.

La race ovine la plus répandue dans la Creuse est celle dite
marchoise, croisée avec celle du Berri, on rencontre aussi quelques types du Crévant.

Le mouton marchois type, tend à disparaître; on ne le retrouve
plus que dans l'Est et le Centre du département; il est parfait de
forme et excellent pour la boucherie, petit, bas sur jambes, tête
fine à figure blanche, oreilles droites et courtes, encolure tenue,
corps cylindrique, membres courts et très-grêles, laine grossière
mais longue, ordinairement disposée en mèches; au Nord du
département, quoique représentant les mêmes caractères, il est
un peu plus fort, par suite de son croisement avec celui du
Berri; à l'Ouest et au Sud-Ouest, il est également un peu plus
grand, généralement blanc avec des taches noires ou brunes sur
la tête et les pattes, la laine contenant une plus grande quantité
de jarre.

L'élevage ne laisse que peu de marge; c'est l'engraissement qui
est le plus rémunérateur. De chez celui qui le fait naître, le mouton de la Creuse, passe chez l'engraisseur. Ce rôle est départi
aux propriétaires dont les cultures sont plus avancées que celles
du propriétaire ordinaire. On les achète en moyenne 13 francs
pour les vendre...................................... 20 »
à quoi il convient d'ajouter 2 francs de laine et 2 francs
de fumier.. 4 »

Total................... 24 »

La recette est donc de 24 francs, ce qui laisse une marge de 10
à 11 francs pour frais de nourriture et bénéfices.

Par ce simple exposé, on peut se faire une juste idée de la position des éleveurs dans la Creuse, qui laissent leurs moutons dehors et dans de mauvais prés ou dans un mauvais communal,
tant que la campagne n'est pas couverte de neige, et pendant que
le pâturage n'est plus possible, on les nourrit à la bergerie avec
de mauvaises pailles et parfois en quantité insuffisante; ajoutons

à cela une habitation insalubre privée d'air et de lumière et par-dessus tout très-malpropre.

Cet état de choses tient d'une part à l'assolement de jachères et de céréales, ce qui produit très-peu pour le bétail, de l'autre à l'ignorance et à l'incurie des éleveurs qui ont laissé dégénérer les races.

Espérons qu'on ne tardera pas à introduire par le chaulage et le marnage des terres, dans l'assolement, les plantes sarclées et les plantes fourragères; lorsque, mieux avisés, les éleveurs au-ront appris par ceux qui en font déjà une juste application les règles si simples qui président à l'économie du bétail, les races se perfectionneront et les profits de l'élevage et de l'engraisse-ment seront bien plus considérables.

La race porcine la plus répandue dans la Creuse est issue de celle du Berri : elle donne beaucoup plus de profit à l'engrais-seur que celle du pays.

Depuis quelques années quelques riches propriétaires ont in-troduit la race anglaise dite *leycester ;* en raison des bons résul-tats obtenus, plusieurs d'entre eux préfèrent cette dernière aux autres races du pays. Ils basent cette préférence sur l'engraisse-ment qui a lieu beaucoup plus vite, sur le rendement en graisse qui est également supérieur ; c'est ainsi que nous avons vu chez M. Martin de Lignac un cochon de cette même race, qu'on a tué il y a quelques mois, dont le poids était de 380 livres, dont 70 seulement os et viande, reste donc 310 livres de graisse. Ce qu'il y a surtout de remarquable chez ces animaux, c'est que leur ossa-ture est tellement grêle qu'on la dirait noyée dans la graisse.

Enfin, parmi les oiseaux de basse-cour élevés dans ce pays, nous citerons le dindon, qu'on vend en assez grand nombre pour être engraissé par ceux qui en font le commerce.

Les abeilles abondent dans la Creuse, et donnent un miel d'une saveur douce et très-agréable. Il contient en outre et dans de fortes proportions du sucre incristallisable.

Nombre du bétail dans la Creuse, et par arrondissement.

Arrondissements.	Bœufs et bouvillons.	Taureaux et taurillons.	Vaches et génisses.	Veaux d'élève et de boucherie	Total des bêtes bovines.	Béliers et moutons	Brebis et agneaux.	Porcs de tout âge.
Aubusson... ...	6673	4332	42154	13423	65882	50087	147998	14636
Bourganeuf.....	2174	2514	15816	5490	25994	36640	97353	6206
Boussac........	4912	3943	13083	5385	27323	8983	73118	8338
Guéret.........	4261	5620	36704	5132	51717	49838	163347	14134
					170916			

Maladies les plus fréquentes dans le département.

Bêtes bovines.

Les maladies les plus communes sur ces animaux, sont les coryza, la bronchite, la pneumonie, la pleurésie, les entérites, l'hématurie (cette dernière très-commune), la mammite, le charbon symptomatique, et la stomatite aphteuse que les cultivateurs désignent sous le nom de *cocote*, qui sévit assez souvent sur une vaste échelle et dont nous ferons plus tard une question séparée.

Bêtes ovines.

La gale, le charbon, la bronchite, le noir museau, la clavelée, le piétin (ce dernier règne sur une grande échelle). La cachexie fait également de grands ravages pendant les années humides.

Bêtes porcines.

Le glossanthrax, appelé dans les campagnes *tât*, la soie, appelée *peux*, l'esquinancie appelée *vives*, ces trois maladies sont très-communes sur les jeunes animaux et font souvent de grands ravages; la ladrerie, la rougeole ensuite.

Bêtes caprines.

Les chèvres sont rarement malades; jamais le vétérinaire n'est appelé pour ces animaux.

Oiseaux de basse-cour.

L'angine couenneuse pour la volaille; cette dernière sévit parfois sur une vaste échelle dans les basses-cours.

Règne végétal. — Culture.

Dans le département de la Creuse la culture est bien arriérée, la médiocrité du sol et l'imperfection des pratiques agricoles en sont les causes; chez quelques propriétaires seulement l'agriculture est avancée et les moyens qu'ils mettent en pratique suffisent déjà pour augmenter les produits de la terre et fournir une alimentation meilleure, plus abondante et moins coûteuse; le sol, enfin, de ce département est loin de produire tout ce que de bonnes méthodes pourraient lui faire donner; en effet, en parcourant tant soit peu cette contrée on aperçoit des jachères pérennes et des jachères mortes, là où devraient se trouver de belles céréales ou des prairies artificielles, sans lesquelles l'agriculture ne peut prospérer; les cultures sont restreintes, elles se bornent au seigle, au blé-noir et aux pommes de terre; le froment et le trèfle ne viennent que par exception, sur ce sol dépourvu d'éléments calcaires. La récolte des céréales est dans ce département insuffisante pour la nourriture de ses habitants; le sarrazin est le plus généralement répandu; l'avoine y est également cultivée. Les raves nommées dans le pays *raboles* servent à la nourriture des bestiaux. Le chanvre, les arbres fruitiers sont nombreux, surtout ceux à pépin. Le cidre remplace le vin. Le châtaignier est par son fruit une sorte de manne pour les habitants de la montagne. Il n'y a pas de vignes. Les prairies naturelles sont excellentes autour de Guéret, d'Ahun, de Jarnages, de Felletin, d'Auzances, d'Evaux, etc., mais on rencontre peu de grandes prairies; les montagnes abondent en pâcages de printemps et d'été appelés pâtureaux.

Par conséquent, avec aussi peu de plantes l'assolement ne saurait être régulier, il se compose de deux sols distincts; la première année est une jachère morte. On laboure et on herse, à différentes reprises, pour extraire la mauvaise herbe, notamment le chiendent qui pullule dans le pays ; quelquefois une partie de la jachère est consacrée aux raves et au blé-noir.

La seconde année on obtient du seigle et on recommence ensuite. On fume tous les deux ans.

Nous devons pourtant constater que dans ce département il se trouve quelques cultivateurs avancés et distingués qui comprennent très-bien leurs intérêts pour exiger d'avantage de ce sol réputé ingrat et faire entrer dans leurs assolements, les carottes, les gesses, les vesces, et le trèfle rouge, si précieux par sa précocité et ses bonnes qualités comme vert.

Les moyens qu'ils emploient pour retirer des avantages de leur culture, la masse ne cherche nullement à les imiter.

Chez M. Martin de Lignac, comme chez plusieurs autres cultivateurs sérieux et distingués, l'assolement est modifié parce que la terre est convenablement préparée à la culture du froment, des plantes sarclées et des prairies artificielles; mais, aussi, le sol préalablement défoncé, chaulé ou fumé, enfin, enrichi depuis quelques années, permet-il de faire de bonnes récoltes.

Nous avons vu des récoltes de pommes de terre sur un terrain fumé à l'engrais de ferme, dont la proportion était bien celle du pays le plus fertile; comme aussi une récolte en avoine obtenue sur un terrain chaulé, avec engrais, dont le rendement était hors ligne. Ce ne sont encore que des exceptions qui deviendront la règle sitôt que la terre pourra recevoir ailleurs la somme d'engrais et de travail qu'elle a reçue chez ces mêmes propriétaires, qui, en effet, ont obtenu des résultats incontestables. D'après une foule d'autres faits observés, il y a lieu de croire que le sol creusois, en raison de sa légèreté même, se prête merveilleusement à toutes les transformations que le cultivateur veut bien lui faire subir. La preuve pour nous est certaine. Qu'on se demande ce qu'était la propriété de Montlevade, à 4 kilomètres de Guéret, il y a dix ans; le Masgelier, propriété appartenant aujourd'hui à M. le général de Solliers; la Ribbe, propriété appartenant à S. Ex. M. le maréchal comte Baraguay-d'Hilliers, dont le sol est supérieur, il est vrai, à celui des deux autres propriétés sus-nommées, et où avec moins de frais de fumier et de main-d'œuvre on arrivera à de bonnes conditions de rendement.

Il est bien reconnu, du reste, par tous cultivateurs qui raisonnent leur partie, que la chaux est l'amendement le plus convenable pour ces terres granitiques, mais le prix encore trop élevé de cet engrais minéral ne permettrait peut-être pas d'espérer après le chaulage un rendement pour indemniser les dépenses. Pourtant nous tenons de source certaine (*) que MM. Veillet frères, fermiers à Périgord, près Gouzon, les premiers qui aient fait, en grand, essai de la chaux, avaient mis pour plus de 30,000 francs sur un domaine de quelques centaines d'hectares; que la chaux leur était revenue à 2 francs environ l'hectolitre, mais qu'en face des résultats obtenus par eux ils n'hésitaient pas à proclamer que même à 5 francs le bénéfice serait assuré, pour quiconque suivrait leur exemple. Donc avec la chaux et des labours énergiques on arriverait à réaliser des bénéfices plus considérables, mais les imitateurs d'un pareil système manquent malheureusement encore dans la Creuse, et c'est ce qui explique l'état peu avancé de son agriculture.

BOIS ET FORÊTS.

Les bois et forêts ne doivent pas être passés sous silence. Les essences qui dominent sont : le chêne, le hêtre, l'orme, le bouleau, le peuplier, l'aulne; on trouve dans les bois, plus particulièrement dans les châtaigneraies, des lichens, des champignons de bonne espèce dont on fait une grande consommation dans le pays.

Les bois particuliers sont assez nombreux, c'est de là que l'on tire tout le charbon, ainsi que le bois à brûler. Les forêts de l'Etat fournissent le bois de charpente et le bois d'industrie.

(*) M. De Matharel, Préfet de la Creuse.

/Suit le tableau./

CONTENANCE ET DISTRIBUTION DES PROPRIÉTÉS IMPOSABLES.

ARRONDISSEMENTS.	Superficie totale du territoire ou propriétés imposables et non imposables	Terres labourables et terrains évalués par assimilations à ces terres.	Prés et herbages.	Vignes.	Bois,	Vergers, pépinières, jardins potagers et chemins.	Mares, canaux d'irrigations, abreuvoirs.	Landes, pâtis-bruyères, tourbières-marais, rochers, montagnes incultes, terres vaines et vagues.	Etangs et pêcheries.	Châ-Taigneraies.	Chêne-vières.
	hect.	hect.	hect.		hect.	hect.	hect.	hect.	hect.	hect.	hect.
Guéret.........	166,695 35	81,133 53	45,299 66	»	10,374 »	1,502 18	23 89	17,104 53	837 10	4,551 98	224 74
Boussac........	95,485 25	56,233 01	23,227 90	»	5,890 28	439 56	23 23	4,899 25	464 37	838 71	299 07
Aubusson.......	204,056 47	93,182 46	43,599 34	»	11,656 81	1,599 36	15 67	47,495 64	1,100 98	33 04	227 95
Bourganeuf.....	90,593 13	28,074 43	20,896 46	»	7,710 53	353 34	9 74	28,022 55	344 97	2,583 10	»
Totaux......	556,830 20	258,623 43	133,023 36	»	35,631 62	3,894 44	68 43	97,521 97	2,747 42	7,996 83	750 76

Prés et fourrages, jachères mortes.	A faucher.	A pâturer.
Prés naturels secs ne recevant que l'eau de pluie :		
Etendue en hectares......................	13,038 78	24,801 41
Qualité.................................	Médiocre.	Médiocre.
Prés arrosés naturellement :		
Etendue en hectares......................	13,064 07	11,026 26
Qualité.................................	Assez bonne.	Assez bonne.
Prés arrosés artificiellement :		
Etendue en hectares......................	27,410 49	26,652 68
Qualité.................................	Assez bonne.	Assez bonne.
Prés artificiels :		
Etendue en hectares......................	812 08	
Qualités................................	Médiocre.	
Fourrages divers :		
Etendue en hectares......................	2,230 86	
Qualité.................................	Médiocre.	
Jachères mortes :		
Etendue en hectares......................	76,766 71	

Ainsi, d'après ce qui précède, il est facile de se convaincre que les prés et pâturages occupent la majeure partie du territoire et que les terres cultivées sont en nombre beaucoup inférieur.

PRODUCTIONS AGRICOLES.

Les cultures industrielles sont en si faible proportion qu'il ne vaut presque pas la peine d'en parler. On cite seulement le chanvre, la betterave à sucre, en faible proportion, et un peu de colza.

Ensuite viennent les quelques céréales et pommes de terre, le sarrazin, avoine, froment, bien peu, méteil, seigle d'hiver et d'été, orge d'hiver et d'été, maïs, néant.

Viennent également des légumes secs, haricots, lentilles, fèves, pois secs.

ETUDE BOTANIQUE.

Depuis notre arrivée au dépôt de remonte de Guéret, nous avons pu avec l'extrême obligeance de M. Dugenest, docteur en médecine, étudier les plantes monocotylédonées et dycotylédonées, qui croissent spontanément dans le département de la Creuse et dont la reproduction fidèle de toutes celles observées jusqu'à ce jour, avec indication de la classe à laquelle elles appartiennent, ainsi qu'avec celle de la famille, genre, espèces, et ses synonymies, floraison, station, propriétés et usages, observations et les signes et abréviations employés dans l'énumération, figure dans le Mémoire adressé à S. Ex. M. le maréchal Ministre de la guerre.

Aujourd'hui nous nous bornons à faire connaître les plantes fourragères seulement, attendu qu'en supprimant les autres nous ne pensons nullement altérer le vrai caractère de notre Mémoire.

MONOCOTYLÉDONÉES.

Cypéracées. 17me famille. — Laîche des rives, cc (*). Laîche étendue, R. Laîche cylindracée, R. Laîche aiguë, cc. Laîche paniculée, R. Laîche espacée, AC. Laîche écartée, C. Laîche vésiculeuse, C. Laîche étoilée, C. Laîche pâle, AC. Laîche empoulée, AC. Laîche hérissée, cc. Laîche jaune, C. Laîche des marécages, C. Laîche jaunâtre, C. Laîche rude, C. Laîche précoce, cc. Laîche des bourbiers, RR. Laîche distique, cc. Laîche panic, C. Laîche gazonnante, AR. Laîche glauque, cc. Laîche tomenteuse, AR. Laîche de lièvre, C. Laîche pucier, AR. Laîche allongée, R. Laîche blanchâtre, AR. Laîche lisse, RR. Laîche à pillules, AC. Ces espèces dominent dans les prairies marécageuses et donnent un fourrage de médiocre qualité.

Graminées. 18me famille. — Kœlérie à crête, C. Digitaire filiforme, C. Mélique ciliée, AR. Mélique uniflore, C. Fléole des prés, C. Brôme stérile, cc. Brôme des toits, C. Brôme élancée, AR. Brôme mollet, cc. Brôme des champs, cc. Agrostis commune,

(*) c signifie commun ; AC assez commun ; cc très-commun. — R rare ; AR assez rare ; RR très-rare.

cc. Agrostis de chien, ac. Glycérie flottante, c. Glycérie canche, ac. Paturin des prés, cc. Paturin comprimé, cc. Paturin commun, c. Paturin annuel, cc. Cynosure à crêtes, c. Fétuque des brebis, cc. Fétuque paturin, ac. Fétuque dure, c. Fétuque bleue, c. Dactyle agglomérée, cc. Orge queue de rat, c. Brise moyenne, Seslerie bleue, r. Nard roide, cc. Yvraie vivace *(Ray-grass)*, c. Yvraie énivrante, c. Froment rampant *(Chiendent)*, cc. Froment de chien, c. Flouve odorante, cc. Cette plante donne cette odeur agréable au foin par l'acide benzoïque qu'elle contient. Alpiste roseau, c. Panic verticillé, cc. Panic vert, cc. Panic pied de cocq, cc. Canche flexueuse, c. Avoine jaunâtre, c. Avoine grêle, r. Avoine pubescente, c. Danthonie tombante, c. Houlque laineuse, cc. Houlque molle, c. Arrhénathère élevée *(Fromental)*, cc. Vulpin genouillé, c.

Joncées. 21ᵐᵉ famille. — Cette famille et la suivante dominent dans les prairies humides et donnent un fourrage de très-médiocre qualité, ce sont : Luzule poilue, c. Luzule à larges feuilles, ac. Luzule multiflore, c. Luzule champêtre, c. Luzule de Forstère, c. Luzule glabre, r. Jonc des crapauds, cc. Jonc glauque, cc. Jonc des boues, c. Jonc des fanges, ac. Jonc épars, cc. Jonc pygmée, r. Jonc raide, c. Jonc aggloméré, cc. Jonc à fleurs aiguës, c.

Alismacées. 24ᵐᵉ famille. — Fluteau renoncule, c. Fluteau plantin d'eau, cc. Fluteau nageant, c.

DICOTYLÉDONÉES.

Polygonées. 62ᵐᵉ famille. — Renouée des oiseaux *(Herbe à cochons, Trainasse)*, c. Renouée liseron, c. Renouée persicaire, c. Renouée poivre d'eau, cc. Renouée amphibie, ac.

Plantaginées. 68ᵐᵉ famille. — Plantin lancéolé, cc. Littorelle des lacs, ar.

Primulacées. 70ᵐᵉ famille. — Primevère élevée, cc. Primevère officinale, c. Lysimaque des bois, c. Lysimaque nummulaire, c. Lysimaque commune, c. Mouron des champs, cc. Mouron bleu, c. Mouron délicat, c.

Lentibulariées. 71ᵐᵉ famille. — Utriculaire naine, R. Utriculaire commune, AC.

Orobanchées. 73ᵐᵉ famille. — Orobanche fétide, C. Orobanche rameuse, AC. Orobanche de l'ajonc, AR. Orobanche à petites feuilles, RR. Clandestine souterraine, C.

Scrophularinées. 74ᵐᵉ famille. — Scrophulaire noueuse, C. Scrophulaire aquatique, CC.

Synanthérées. 99ᵐᵉ famille. — Centaurée jacée, CC. Centaurée de montagne, R. Centaurée noire, CC. Centaurée bleuet, CC. Centaurée scabieuse, R. Lampsane commune, CC. Lampsane fluette, C. Thrincie hérissée, CC. Liondent d'automne, C. Picride épervière, CC. Salsifis des prés, CC. Scorzonère plantain, C. Porcelle glabre, C. Porcelle enracinée, CC. Pisenlit officinal, CC. Chondrille effilée, CC. Prenanthe des murailles, C.

Ombellifères. 107ᵐᵉ famille. — Carotte commune, R. Torilis de Suisse, C. Torilis des haies, C. Anthrisque cerfeuil, C. Anthrisque sauvage, CC. Anthrisque commun, C. Scandix peigne de Vénus, AR. Cerfeuil hérisé, C. Cerfeuil énivrant, AR. Myrrhide odorante, R.

Crucifères. 142ᵐᵉ famille. — Moutarde des champs, C. Radis ravenelle, CC. Senebière corne de cerf, C. Passerage de Smith, AR. Chou giroflé, AR. Drave de muraille, R. Drave printanière, CC. Lunaire bisannuelle, CC. Lunaire vivace, RR.

Cariophillées. 150ᵐᵉ famille. — Spargoutte des champs, C. Spargoutte pentandrique, C. Stellaire holostée, CC. Stellaire graminée, CC. Stellaire moyenne *(Mouron des oiseaux)*, C.

Légumineuses. 180ᵐᵉ famille. — Luzerne cultivée, CC. Luzerne lupuline, CC. Luzerne tachée, AC. Luzerne naine, C. Luzerne de Gérard, AC. Trèfle incarnat, CC. Trèfle des champs, CC. Trèfle strié, C. Trèfle jaunâtre, C. Trèfle des prés, CC. Trèfle semeur, C. Trèfle couché, C. Trèfle filiforme, C. Trèfle intermédiaire, C. Trèfle rampant, CC. Trèfle aggloméré, R. Lotier corniculé, CC. Lotier grêle, R. Lotier élevé, C. Astragale réglisse, C. Ornithope délicat, AC. Ers hérissé, CC. Vesce à fleurs solitaires, R. Vesce des haies, CC. Vesce cracca, C. Vesce jaune, C. Vesce tétrasperme, C. Vesce cultivée, CC. Vesce à feuilles étroites, CC. Vesce fausse gesse, c. Gesse anguleuse. ac. Gesse hérissée, c. Gesse sauvage, c. Gesse des prés, cc. Gesse sans feuilles, r. Gesse de Nissole, r. Orobe tubéreux, c. Pois des champs, r.

Régne minéral.

Comme nous l'avons déjà dit, la constitution géologique du sol est variée. Nous nous bornerons donc à citer seulement les principales substances minérales dont la houille est en première ligne.

Le bassin de la Creuse entre Aubusson et Ahun présente un terrain houiller très-étendu dont plusieurs parties sont actuellement livrées à l'exploitation; les environs de Bourganeuf en offrent également.

La plaine de Lussac a du gypse et de l'argile plastique de bonne qualité. Le pays renferme aussi des gisements de plomb argentifère, d'antimoine et de manganèse; ce dernier a même été exploité autrefois. On trouve aussi une espèce de mica avec lequel on fait du sable doré pour les bureaux.

Il y a des carrières de granit, de pierres de taille et de terre à poterie.

Mais, comme amendement, l'agriculture est mal partagée dans la Creuse, ni la chaux ni la marne ne s'y trouvent à moins de les faire venir du dehors, par conséquent les ressources pour les engrais minéraux peuvent être considérées comme nulles.

CHAPITRE III.

Climat.

Le département de la Creuse appartient au climat du Sud-Ouest; la température y est généralement froide et humide, l'air est vif

et pur, mais, en raison de la constitution accidentéè et monta-
gneuse du sol, le climat est sujet à de nombreuses et brusques
variations. Les brouillards sont assez habituels et très-épais.
Les rosées sont abondantes même dans les grandes chaleurs, qui
durent peu. Les pluies y sont aussi très-fréquentes ainsi que les
orages. L'hiver est long et assez rigoureux; le printemps est
tardif; l'été fort court; l'automne est la plus belle saison de
l'année. Les vents dominants sont : ceux du Sud et du Nord;
le premier souffle avec impétuosité surtout à l'époque des solsti-
ces; le vent d'Est amène le beau temps; les vents d'Ouest et du
Nord-Ouest amènent les pluies.

En outre, il est d'observation médicale que le climat de la Creuse
est favorable à la santé des hommes et du bétail.

On trouvera ci-dessous les observations météorologiques faites
à Ahun par MM. Midre et Chariere, dont une copie a été mise à
notre disposition, qui est ainsi conçue :

« L'année 1856 a été généralement humide et pluvieuse. La
hauteur de l'eau tombée en mai a été de 185 millimètres. Il a plu
pendant 15 jours et 11 nuits. La Creuse pendant ce mois est sortie
quatre fois de son lit et a inondé les terrains qui la bordent.
Depuis qu'on observe les variations météorologiques on n'a pas
vu tomber une pareille quantité de pluie dans le mois de mai.

Une sécheresse extraordinaire a régné depuis le 26 juillet
jusqu'au 18 août.

Le thermomètre est monté le 11 août à 34° centigrades au-
dessus de zéro, et si l'on en excepte la journée du 31 juillet
1846, il y a 29 ans qu'il n'avait été aussi élevé.

L'année 1857 a été remarquable par la sécheresse extraordinaire qui s'est maintenue pendant les mois de juillet et d'août.
Dans le premier de ces deux mois il n'a plu que trois fois en trois
jours, et il n'est tombé que 21 millimètres 30 de pluie. Dans le
mois d'août il y a eu cinq jours de pluie qui n'ont marqué au
pluviomètre que 27 millimètres 80.

La moyenne de l'année est exprimée seulement par 661 millimètres.

En 1851, la quantité d'eau tombée a été plus faible encore, parce qu'elle ne s'est élevée qu'à 641 millimètres 11. Et cependant la sécheresse de 1851 est passée inaperçue et n'a pas été désastreuse, car elle a été répartie dans les trois mois d'hiver pendant lesquels la végétation n'a pas eu à souffrir.

Pendant l'été, le mois de juin seul a été sec; en 1857, au contraire, c'est en été qu'elle s'est fait sentir, et a, par conséquent, nui au développement des céréales et des plantes potagères. Les sources et les cours d'eau avaient été presque taris dans beaucoup de localités.

Les autres moyennes de 1857 n'ont offert rien de remarquable.

Suit le tableau des observations météorologiques faites pendant l'année 1857.

Moyennes du baromètre.			Moyennes du thermomètre.		
Noms des mois.	Evaluation moyenne en millimètres.	Moyenne de l'année max. et minim.	Noms des mois.	Moyenne des mois.	Moyenne de l'année max. et minim.
	m mm	m mm		o	o
Janvier...	0 717 22	0 721 66	Janvier...	0 38+0	10 02+0
Février...	0 723 89		Février...	3 36+0	
Mars.....	0 719 56		Mars.....	5 95+0	
Avril.....	0 716 62	Max. le 7 décembre... 0 736 10 mm m	Avril.....	8 »+0	Max. le 29 juillet....... 31+70 o
Mai......	0 718 95		Mai......	13 11+0	
Juin	0 722 35		Juin	15 61+0	
Juillet ...	0 724 67		Juillet ...	19 84+0	
Août.....	0 722 35	Min. le 12 janvier 0 696 80	Août.....	18 89+0	Min. le 6 février........ 11— 0
Septembre	0 722 24		Septembre	16 33+0	
Octobre..	0 719 95		Octobre..	11 17+0	
Novembre.	0 721 64		Novembre.	7 30+0	
Décembre.	0 730 51		Décembre.	3 24+0	

Moyennes de l'hygromètre.			Direction des vents.	
Noms des mois.	Moyenne des mois.	Moyenne de l'année.	Noms des vents.	Nombre de jours pendant lesquels ils ont soufflé.
	o	o		j.
Janvier...	90 »	80 66	Ouest............	68 »
Février...	81 82		Sud-ouest.......	63 »
Mars.....	81 26		Sud	47 »
Avril.....	78 »		Nord-est........	52 »
Mai......	78 10		Est.............	43 »
Juin	79 40		Nord	33 »
Juillet....	76 »		Nord-ouest	38 »
Août.....	76 65		Sud-est	21 »
Septembre	80 30			
Octobre ..	81 »			
Novembre.	81 40			
Décembre.	84 »			

Max. 23 fois dans l'année... 100 30
Min. le 18 avril............

Noms des mois.	JOURS				Noms des mois.	Quantité de pluie tombée exprimée en millimètres.
	de neige.	de pluie.	sans pluie.	de tonnerre		
						m mm
Janvier.......	4	9	22	»	Janvier	0 69 90
Février.......	2	2	26	»	Février	0 15 »
Mars	1	6	25	»	Mars	0 36 50
Avril........	»	13	17	2	Avril......	0 85 60
Mai.........	»	7	24	3	Mai	0 39 30
Juin.........	»	15	15	5	Juin	0 91 20
Juillet........	»	3	28	2	Juillet......	0 21 30
Août	»	5	26	2	Août.......	0 27 80
Septembre	»	15	15	5	Septembre ..	0 116 80
Octobre.......	»	14	17	1	Octobre	0 96 40
Novembre.....	1	5	25	»	Novembre ...	0 42 20
Décembre	»	3	28	»	Décembre...	0 19 »
POUR L'ANNÉE..	8	97	268	20	POUR L'ANNÉE.	0 661 »

3

Obstacles qui s'opposent au développement de l'agriculture dans la Creuse.

Les principaux obstacles qui s'opposent au développement de l'agriculture dans la Creuse, sont :

1° La nature du sol et la pauvreté du territoire ;

2° Le climat ;

3° L'émigration ;

4° Le morcellement du sol et l'appropriation de la terre par celui qui la cultive ;

5° L'ignorance.

L'absence de l'élément calcaire a été démontrée en parlant de la constitution physique du sol, qui est presque entièrement granitique ; le pays, en outre, est entrecoupé de vallons et de monticules où les roches primitives affleurent et font obstacle à la charrue. Les parties les plus basses présentent souvent des terrains tourbeux qui fournissent des herbes dont le bétail se soucie fort peu et qui, sous le rapport alibile, n'ont qu'une faible valeur.

Enfin, la pauvreté du sol est générale. La couche végétale formée uniquement de débris granitiques ne reçoit en aucune façon les éléments calcaires qui lui manquent ; ensuite, contrairement aux terres qui retiennent et conservent les substances qu'on leur confie, la couche végétale de la Creuse est d'une nature très-absorbante et fait ainsi disparaître jusqu'à la dernière trace des fumiers qui lui sont confiés. De là des fumures plus abondantes, plus répétées, qui accroissent les frais de culture et ne servent à rien pour l'avenir, car avec de l'engrais de ferme seulement on n'arrivera jamais à améliorer le sol.

Comme le dit du reste M. Jacques Valserres.

« Le sol de la Creuse est comme un abîme sans fond que le « cultivateur, depuis des siècles, s'efforce vainement de combler « avec les résidus de ses étables. »

Les propriétaires intelligents commencent à dessécher les marais et terrains tourbeux, et à les convertir en bonnes prairies.

Nous avons vu chez M. le général de Solliers, un travail gigantes-
que de ce genre en voie d'exécution, et chez M. Martin de Lignac
des travaux de cette nature déjà exécutés et qui méritent d'être
mentionnés.

Autour de son habitation, M. de Lignac avait 30 hectares de
terre très-marécageux, composés de tourbe et de détritus granitiques, ne produisant que des joncs et des mousses; ce marais
donnait naissance, en hiver surtout, à d'épais brouillards qui ren-
daient le séjour malsain et désagréable. Il s'agissait donc de
dessécher ces terres, de faire disparaître les joncs et les mousses,
et de constituer une prairie irrigable donnant de bons fourrages.
Pour atteindre ce but, M. de Lignac fit exécuter des travaux que
nous avons été à même de suivre en grande partie. Nous nous
faisons un devoir de reproduire ici le rapport textuel adressé
à la Société impériale d'agriculture sur ces travaux. L'auteur a
bien voulu nous faire l'honneur de nous le communiquer :

*Assainissement de prairies basses et marécageuses par un système
de canaux et de fossés, d'une profondeur déterminée, exécutés
par M. Martin de Lignac, dans sa propriété de Montlevade
(Creuse).*

« Dans le département de la Creuse, comme dans la plupart
« des pays de montagnes, les prairies de nos campagnes sont
« composées d'un sol mélangé de tourbe, et reposent sur une
« couche froide et imperméable : aussi nos prairies froides ne
« produisent-elles, le plus souvent, que des herbes marécageuses
« qui donnent un foin de mauvaise qualité, peu abondant et
« malsain; il serait pourtant facile, avec la déclivité naturelle
« de notre sol, d'obvierà ces inconvénients promptement et à peu
« de frais.

« Malheureusement l'agriculture, qui demande tant d'observa-
« tions raisonnées dans un pays varié comme le nôtre, semble
« devoir rester encore longtemps entre les mains de nos colons,
« gens qui n'ont d'autre guide que la routine et les méthodes
« les plus défectueuses. Il semblerait, à voir l'insouciance des
« propriétaires, que les domaines sont arrivés au maximum de

« leurs produits et que tous efforts sont désormais inutiles pour
« arriver à des résultats plus avantageux.

« Et pourtant peu de terrains sont susceptibles d'une plus
« grande transformation, l'éloignement, et partant le haut prix
« du calcaire, s'opposent, il est vrai, à ce que nous puissions
« songer en grand à la culture des céréales et des prairies artifi-
« cielles sur nos terres granitiques; mais, en revanche, nous pou-
« vons avec peu d'efforts faire naître et élever des troupeaux de
« bêtes à cornes à bien meilleur prix que nos voisins.

« Utilisons donc nos cours d'eau si négligés ; augmentons nos
« prairies hautes avec les eaux détournées des vallées; assainis-
« sons nos marécages et nous aurons contribué, pour notre part,
« à la solution du grand problème de la viande à bon marché.
« Puis en augmentant nos richesses, en contribuant au bien-être
« des populations auxquelles nous ouvrirons de vastes ateliers,
« nous aurons en même temps rendu le plus grand service à
« l'hygiène publique.

« J'ai dit en commençant que le sol de nos prairies basses était
« mélangé de tourbe; mais cette tourbe n'est point comme dans
« certaines localités le résultat d'une longue immersion sous les
« eaux et d'une formation simultanée : chez nous, elles sont for-
« mées peu à peu avec le détritus des plantes marécageuses;
« les eaux descendant des montagnes à travers les couches du
« sol perméable, venant à rencontrer des bancs d'argile, s'élèvent
« par la force du niveau au-dessus du sol, le saturent d'humidité
« et d'oxyde de fer, donnent naissance aux mousses, aux joncs,
« seules plantes assez vigoureuses pour pousser dans un milieu
« aussi froid. Ces plantes n'étant pas consommées par les ani-
« maux retombent sur le sol, où ne trouvant pas les conditions
« nécessaires à la fermentation, elles se conservent et passent
« à l'état de tourbe lorsqu'une couche nouvelle est venue les cou-
« vrir. Ajoutons qu'à ces dépôts vient se joindre une certaine
« quantité de terre végétale entraînée des niveaux supérieurs par
« les eaux pluviales, ce qui rend la culture de ces terrains beau-
« coup plus facile que celle des tourbes homogènes.

« Je songeai au moyen d'assainir ces terrains. Le drainage à

« tuyaux ne pouvait pas être employé, le sous-sol conservait
« l'eau et les racines des plantes marécageuses auraient obstrué
« les drains.

« Je remarquai, dans une partie de terrain que j'avais cultivé,
« des morceaux de tourbe couverts de jeunes plantes parmi les-
« quelles il me fut facile de reconnaître les meilleures espèces de
« nos prairies ; en suivant ces plantes jusqu'à la racine je retrou-
« vai des graines parfaitement intactes ; elles étaient donc demeu-
« rées enfoncées pendant un temps indéterminé jusqu'au moment
« où, retrouvant les conditions nécessaires à la végétation, elles
« avaient pu se développer.

« Frappé de ces faits nouveaux pour moi, je voulus savoir
« jusqu'à qu'elle profondeur, dans le terrain tourbeux, les graines
« pourraient conserver leur faculté de germination. Je fis alors
« l'expérience suivante :

« J'enlevai à la bêche deux mottes de tourbe, ayant chacune
« 10 centimètres d'épaisseur. Je les plaçai sur couche et sous
« chassis ; un mois après elle se couvraient d'une végétation de
« nos meilleures graminées, jusqu'à 15 centimètres au-dessous du
« gazon. Combien d'années avait-il fallu pour les recouvrir d'une
« couche aussi épaisse ?..... Cette question intéressait plus l'his-
« toire naturelle que l'agriculture et je ne dus pas chercher à y
« répondre. Mais pour moi il résultait ce fait que, avant de se
« trouver enfouies à cette profondeur, ces graines avaient dû re-
« poser sur la surface du sol, exposées à l'air, au soleil, à l'hu-
« midité. Pourquoi n'avaient-elles pas végété alors ? parce que,
« comme les végétaux qui forment la tourbe, elles s'étaient
« trouvées dans un milieu trop froid et trop humide.

« Ceci étant admis, le problème à résoudre se réduisait à ceci :

« Elever la température du terrain à assainir et régler l'humi-
« dité nécessaire à la végétation.

« Pour arriver à ce but, je tentai l'expérience suivante :

« J'isolai un banc de tourbe ayant une pente de 10 centimètres
« par mètre ; je fis enlever à la pioche le gazon de la surface
« sur une profondeur de 15 centimètres à la partie supérieure du
« banc ; je fis faire un fossé de 1 mètre de profondeur, à la partie

« basse, je creusai une rigole parallèle au fossé et la rigole par
« deux tranchées de même niveau et distantes l'une de l'autre
« de 10 mètres, puis j'abandonnai mon terrain d'expérience à
« l'action du soleil de juin; au mois de septembre la végétation
« spontanée avait eu lieu sur toute la surface. A la partie infé-
« rieure, jusqu'à 30 centimètres, les plantes marécageuses avaient
« conservé toute leur vigueur ; à 30 centimètres ces plantes
« marécageuses dépérissaient et les bonnes essences commen-
« çaient à paraître ; à 50 centimètres les graminées avaient leur
« maximum de végétation, puis elles décroissaient à mesure de
« l'élévation du niveau, et dans la partie extrême du terrain elles
« étaient complétement desséchées. Il a suffi d'approcher une
« torche enflammée pour mettre le feu à la tourbe. Je l'ai vu
« s'y maintenir pendant cinq jours et pénétrer sur le bord du fossé
« jusqu'à 30 centimètres de profondeur.

« Voici les conséquences que j'ai tirées de ces diverses obser-
« vations :

« Le banc de tourbe isolé au moyen d'un fossé de 1 mètre
« avait été soustrait à l'influence des eaux descendant des ter-
« rains supérieurs et n'était plus soumis qu'à l'humidité du sous-
« sol.

« A 33 centimètres cette humidité était encore en excès.

« A 50 centimètres le maximum de la végétation obtenu indi-
« quait que l'évaporation balançait l'aspiration capillaire du sol,
« et qu'à ce point se trouvaient les meilleures conditions pour
« la végétation.

« Plus haut l'évaporation était trop forte, l'aspiration capil-
« laire du sol insuffisante, et le but cherché était dépassé.

« Faisant passer ces résultats dans la pratique, je fis creuser
« au-dessus d'une prairie tourbeuse un canal à niveau large de
« 4 mètres (cette largeur est nécessaire pour servir de clôture),
« ayant 1 mètre 30 centimètres de profondeur ; j'ai toujours vu
« les bancs de sable servant de conducteur à l'eau.

« A 10 mètres au-dessous de ce canal, et dans le sens de la
« déclivité du sol, j'ai ouvert de 20 mètres en 20 mètres des

« fossés ayant 1 mètre de large à la partie supérieure et 66 cen-
« timètres de profondeur; j'ai adopté cette profondeur de 66
« centimètres au lieu de 50, parce que, après quelques mois, le
« terrain en se desséchant s'abaisse de 15 centimètres environ,
« et s'affermit au point de supporter les voitures attelées là où
« les animaux avaient peine à se soutenir.

« Les terres provenant du canal et des fossés sont rejetées
« sur le sol de la prairie et servent à son nivellement.

« Je dois faire observer que le sol, en se desséchant et s'affais-
« sant, non-seulement diminue la profondeur de mes fossés, mais
« diminue encore leur largeur d'un tiers environ.

« Depuis 1850 j'ai traité successivement 30 hectares de terrain
« marécageux par cette méthode; les résultats ont toujours ré-
« pondu à mes espérances. Dès les premières années les plantes
« de bonnes essences apparaissent, le trèfle et la luzerne des
« prés naissent au milieu de la mousse et des joncs qu'ils rem-
« placent complétement plus tard.

« Par suite de ces travaux l'amélioration de mon domaine a
« été telle que la propriété qui, il y a dix ans, avait peine à
« nourrir un cheptel de 3,000 francs, en comporte un aujourd'hui
« de plus de 20,000 francs.

« Les canaux dérivateurs m'offrent d'autres avantages, ils rem-
« placent les haies dont l'entretien est toujours coûteux, ils
« donnent un revenu par le poisson qui s'y élève facilement.
« Les eaux froides et chargées d'oxyde qu'ils recueillent s'échauf-
« fent au soleil, se séparent par le repos de l'oxyde de fer et
« deviennent excellentes pour l'irrigation; je m'en sers pour ar-
« roser 15 hectares de prairies nouvelles et de première qualité
« que j'ai pu créer au moyen de ces eaux qui stérilisaient la
« vallée.

« La construction de mes canaux a mis a découvert une foule
« de sources qui, trop faibles autrefois pour se faire jour, demeu-
« raient à la surface du sol; maintenant ces sources se réunissent,
« forment un cours d'eau d'un grand volume et rendent d'impor-
« tants services aux propriétés inférieures qu'elles traversent.

« L'assainissement de mes 30 hectares de prairies a nécessité

« 1,600 mètres de canaux qui ont coûté 1 franc 25 centimes le
« mètre courant, transport et nivellement de terres compris.

« Les fossés ont été faits à raison de 7 centimes 1/2 le mètre
« courant, et j'ai calculé que, dans les parties les plus humides,
« la dépense par hectare n'a pas dépassé 140 francs, canaux et
« fossés compris.

« Tous les deux ans, je fais curer ces fossés à raison de 2
« centimes 1/2 le mètre. Les terres provenant des curages sont
« de véritables terreaux qui, comme engrais, payent largement
« la dépense.

« Aujourd'hui, et après six années d'assainissement, le sol
« tourbeux est devenu perméable à la surface et le moment
« approche où je pourrai remplacer une partie de mes fossés
« par des drains couverts. »

CLIMAT.

Comme il a déjà été dit, le climat est favorable à la santé des
hommes et du bétail. Il est également favorable à la croissance
de l'herbe et au régime du pâturage qui est la principale res-
source dans le pays pour la nourriture du bétail. Ce régime peut
durer le jour et la nuit, même une grande partie de l'hiver si
les neiges ne couvrent pas le sol; mais la fréquence des pluies
l'interrompt souvent. Ce mode de nourriture, là, est aussi la
cause des récoltes difficiles et tardives.

L'air est vif et pur, les eaux sont limpides et fraîches, mais les
transitions du froid au chaud sont trop brusques.

En hiver la température est souvent excessive : les froids tardifs sont à craindre, car au printemps, quelquefois, après une
journée chaude qui a réveillé la végétation des plantes, survient
une nuit froide, même glaciale, qui les détruit. Les gelées blan-
ches sont également fréquentes et causent de grands dommages.
Ces circonstances seules restreignent beaucoup les cultures qui,
comme nous l'avons déjà dit, se bornent au seigle, au sarrazin
ou blé noir, aux raves et aux pommes de terre. La vigne ne
peut réussir.

Les circonstances défavorables au milieu desquelles se trouvent les cultivateurs de la Creuse ne sont qu'une conséquence
de la nature du sol et du climat. Dans l'Histoire de la Marche et
du pays de Combraille, par M. Jouilleton, conseiller de préfecture
du département de la Creuse, et membre de plusieurs sociétés
savantes, on lit, page 332, le passage suivant :

« En 1584, on contesta aux protestants de la Basse-Marche
« le droit où ils avaient été maintenus en 1577 de faire librement
« l'exercice de leur religion au faubourg du château du Dorat.
« Ils se pourvurent auprès de la reine douairière Isabelle, com-
« tesse de la Marche, qui, après une enquête préalable, les con-
« firma dans ce droit qui leur était assuré par le dernier édit de
« pacification.

« A tant de désordres vinrent se joindre des calamités d'un
« autre genre qui en étaient la suite inévitable, et qui eurent
« aussi pour cause la contrariété *dans les saisons dont l'ordre*
« *semblait être perverti. La terre stérile pendant plusieurs années,*
« *soit qu'elle fût mal travaillée, soit que ses produits fussent*
« *détruits avant que d'arriver à leur maturité* refusa des moyens
« de substance aux malheureux cultivateurs. Le quintal de seigle
« se vendait communément quatre livres tournois, prix exorbi-
« tant pour ce temps là et qui était au-dessus des facultés du plus
« grand nombre des citoyens. La famine amena des maladies
« épidémiques qui commencèrent par les paroisses de Sauviat
« et de Marsac, et la mortalité fut effrayante. »

EMIGRATION.

La pauvreté du sol et surtout les longs chômages d'hiver en-
traînent l'émigration d'un cinquième de la population la plus
valide, qui est d'autant plus nuisible qu'elle a lieu pendant la
saison des travaux de la campagne. D'après des renseignements
recueillis à une source certaine il résulte que, depuis des siècles
déjà, l'émigration a pris un caractère spécial, et aujourd'hui
sur une population de 279,000 âmes la Creuse fournit chaque
année près de 40,000 maçons ou charpentiers et manœuvres;
Paris, principalement, en occupe le plus grand nombre pour aider

les travaux d'embellissement. Au commencement du printemps ils quittent leur pays pour se ranger sous les ordres des entrepreneurs des travaux de construction. Lorsque les premiers froids se font sentir ils retournent dans leur famille et y passent tout l'hiver; un bon nombre alors se marie, et comme ceux qui le sont déjà, ils quittent le pays aux premiers beaux jours du printemps, en laissant le soin de cultiver la terre aux femmes et aux enfants. Que résulte-t-il de tout cela? que les travaux de labour et de culture sont abandonnés à des mains impuissantes, que les terres sont mal retournées, que les récoltes se font mal et trop tard surtout, que les animaux manquent de soins et, enfin, que les cultures qui exigent le moins de façon sont celles qu'on préfère.

La rareté des bras est une conséquence des émigrations il est vrai, mais à côté de celle-ci existe une autre au moins aussi importante et que voici :

Chaque année lorsque les émigrants reviennent dans leurs foyers (*) ils rapportent leurs économies, dont la moyenne par individu s'élève à 300 fr. L'ensemble de ces capitaux s'élève par conséquent à une somme de 12 millions.

Ces capitaux sont placés en grande partie en immeubles, dans l'unique but de se constituer un pied à terre, enfin un petit bien qu'ils espèrent pouvoir venir cultiver dans leurs vieux jours, ce qui fait que la propriété foncière a une si grande valeur; c'est ainsi que dans la commune de Sainte-Feyre, à 6 kilomères de Guéret, les prairies joignant les villages coûtent 8 à 10,000 francs l'hectare, et encore à ce prix il est difficile de s'en procurer. Les terres labourables, dans la même situation, valent 5 à 6,000 francs l'hectare. Ces terres bien entretenues, bien fumées, rendent environ 5 p. %. du capital; mais ce sont là des exceptions, car, en général, la moyenne des terres labourables ne dépasse pas 600 francs l'hectare, et la moyenne des prairies 2,500 francs.

Le morcellement du sol et l'appropriation de la terre par celui

(*) Que les plaisants appellent le retour des *députés de la Creuse*; pendant plusieurs jours les entrepreneurs des voitures sont obligés de doubler les services ordinaires.

qui la cultive sont encore des conséquences de l'émigration; les 40,000 ouvriers qui, chaque année, portent 12 millions dans le pays, se font concurrence pour le plus petit morceau de terre en vente, et lorsqu'un chef de famille meurt, chacun de ses héritiers veut avoir sa part en nature. De cette manière le territoire finira par passer entre les mains de ceux qui le cultivent, et si rien ne vient contrebalancer ces tendances, la bourgeoisie cessera d'être propriétaire.

Au reste les propriétaires amis du progrès agricole sont rares; ceux dont l'ignorance est un obstacle à toute espèce d'améliorations sont nombreux : nous voulons parler de cette classe de petits cultivateurs qui consomment la majeure partie de leurs produits. Les domaines appartenant à la bourgeoisie sont confiés à des métayers et, au lieu de les diriger dans la voie des améliorations, ils les laissent croupir dans la routine. Les terres labourées avec un araire barbare ne donnent qu'un maigre rendement; le bétail accouplé au hasard ne donne que de médiocres produits, qui, mal nourris, mal soignés durant leur jeunesse, se développent lentement, restent toujours chétifs et ne donnent que de faibles profits.

Nous connaissons aux environs de Guéret plusieurs grands propriétaires experts dans la pratique agricole qui en outre disposent de ressources considérables et qui ont donné par les travaux qu'ils ont fait faire un rare exemple; aussi craignons-nous fort que les imitateurs continueront à faire défaut, car, dans la Marche les immigrations sont rares, parce que la rareté de la main-d'œuvre est générale et continuelle, que le sol par sa nature se prête peu aux améliorations et aux cultures industrielles, que le climat n'est point favorable à la vigne, même aux arbres à fruits, que le froment et les prairies artificielles réclament des amendements pour en tirer bon parti, que la chaux manque dans le pays et que les populations, peu nombreuses, sont mal disposées en faveur des progrès agricoles.

S'il fallait appuyer notre raisonnement par d'autres preuves évidentes, nous n'en manquerions certes pas, mais pour ne pas sortir du cercle du sujet que nous essayons de traiter, nous nous imposons l'abstention.

Mais la tension vers le progrès se fait trop sentir en toutes choses et nous devons avoir l'espoir que l'agriculture dans la Creuse ne restera plus longtemps en arrière des autres départements. C'est ainsi que le défrichement des terres incultes, le changement du système de culture et une fumure plus abondante amèneront naturellement l'amélioration, l'extension des prairies naturelles et partout la création de celles artificielles sur une plus grande échelle, c'est ici ou jamais que se présente l'occasion de faire une juste application des théories du célèbre Jacques Bujault, dont le langage, simple, persuasif et plein de vérité indique le moyen que l'on peut considérer comme infaillible d'arriver à de grands progrès agricoles et qui se résument ainsi : « Veux-tu du grain? « fais des prés, point de fourrages sans prés, point de bétail « sans fourrages, point de fumier sans bétail, et point de grains, « de légumes, de fruits, de vin sans fumier. »

CHAPITRE IV.

RACE CHEVALINE DU DÉPARTEMENT DE LA CREUSE.

La race chevaline de la Creuse, d'après les traditions, est une descendance des étalons asiatiques importés par les Sarrazins au VIIIe siècle et dont un grand nombre serait resté dans la Marche par suite d'une action générale dirigée par Eudes contre Abdérame, dans laquelle l'armée sarrazine fut presque entièrement taillée en pièces et où ce dernier périt lui-même sur le champ de bataille. Les historiens fixent cette célèbre bataille à un samedi du mois d'octobre de l'an 732 de l'ère chrétienne et 114 de l'hégire.

Eudes, après cette action où les Sarrazins perdirent plus de 350,000 hommes, fit main basse sur tout ce qu'il rencontra dans leur camp, sans épargner ni les femmes ni les enfants qu'Abdérame traînait à sa suite.

C'est aussi de cette même époque que date l'origine de la ville d'Aubusson ; on raconte qu'après la défaite d'Abdérame (732) une troupe de Sarrazins échappés aux coups de Charles Martel, se réfugia de ce côté où il n'y avait alors qu'un château fort, et après avoir obtenu la permission du seigneur ils s'installèrent autour des remparts. Ils se trouvait parmi eux des tanneurs, des tapissiers, des teinturiers, auxquels cette position et les eaux surtout parurent favorables à l'exercice des arts dans lesquels ils avaient été élevés. C'est à leur industrieuse colonie que l'on rapporte la naissance de cette ville, et à l'alliance de leurs chevaux avec les juments indigènes, la descendance de la race actuelle du pays.

Quelles étaient donc ces juments qui existaient alors dans la Marche, quelle était leur origine ? était-ce une race particulière du pays, ou bien une race supposée y avoir existé ?

D'après beaucoup de naturalistes et quelques auteurs hippiques, l'espèce du cheval a eu un point central et unique de création, car il n'est pas supposable qu'il ait été placé comme les végétaux et les minéraux dans les diverses parties du monde habitable, pas plus qu'on ne doit admettre que, dans son espèce, il y ait deux types, l'un originaire de l'Orient, et l'autre primitivement déposé sur les bords de la mer du Nord. Comme toutes les espèces animales, celle-ci est une et appartient à la nature ; peu importe ensuite la difficulté de retrouver l'origine précise des premiers chevaux et de découvrir comment ils se sont répandus sur la surface du globe ; comme à toutes il lui avait été assigné un climat de prédilection, sous l'influence duquel son unité et son homogénéité se seraient conservées à toujours. Mais, par suite de la multiplication de l'espèce, le berceau de ces tribus naissantes a dû bientôt se trouver trop restreint et les individus forcés de s'en éloigner plus ou moins, soumis à l'action permanente d'agents extérieurs plus ou moins différents de ceux de la terre natale ; quant à leur nature ils se sont trouvés bientôt aussi plus ou moins modifiés, changés, altérés, non dans leur empreinte typique, mais bien dans leur taille, leur volume, et la configuration générale du corps. De là, d'abord des particularités peu tranchées et assez sensibles partout pour distinguer de la géné-

ralité de l'espèce les individus qui les présentaient : en se pro-
nonçant davantage, et en se fixant au bout de quelques générations
elles ont donné lieu à des variétés organiques héréditaires.

Plus tard et par suite des mêmes causes, à mesure que les
migrations se sont étendues, les modifications survenues dans
l'organisation des individus ont éloigné de plus en plus ceux-ci
du type de leur espèce et au point même d'amener des dissem-
blances tellement frappantes que les hippologues ont pensé que
la race boulonaise, par exemple, avait une origine différente de
celle du cheval arabe, le cheval père, la souche de toutes les
races équestres.

C'est ainsi que nous devons admettre que les chevaux importés
par les Sarrazins et éloignés de leur patrie originaire ont éprouvé
par le seul fait du climat et de l'ensemble des conditions physiques et naturelles attachées à la localité, à la nature du pays,
à la qualité et à la quantité des ressources alimentaires, des modifications qui sont survenues à la longue si profondes que, à l'heure
qu'il est, on ne remarque plus dans leur configuration extérieure,
dans leurs qualités originelles que quelques traces du sang orien-
tal qui ne manquera pas de s'effacer complétement avec le temps,
si on ne le retrempe pas par de nouveaux reproducteurs de choix
et, bien entendu, émanés du type primitif.

L'espèce chevaline de la Creuse n'appartient pas, il est vrai,
à une race bien définie et son cachet actuel n'est que le produit
du climat, du régime, déterminé par les circonstances locales
continuées pendant une longue suite de générations, et c'est
par là que ces caractères distinctifs sont devenus fixes, constants
et se répètent sans altération sur la masse des produits depuis
une longue série de générations. Non-seulement elle pourra être
conservée, mais encore être perfectionnée par les moyens que
nous indiquerons à l'article AMÉLIORATION.

TYPE DU PAYS.

Les chevaux de la Creuse sont facilement reconnaissables aux
signes caractéristiques suivants : de la taille de 1 mètre 47 centi-

mètres à 1 mètre 50 ('), ils ont la tête forte, mais sèche, l'œil grand et proéminant, le front large, le chanfrein droit, la bouche petite, la ganache large, les oreilles petites et bien plantées, l'émolure forte, parfois un peu courte et généralement pourvue de beaucoup de crins, l'épaule longue et oblique, la poitrine large, le garrot bien sorti, la ligne du dos horizontale, le rein court, les hanches assez larges, la croupe courte, parfois avalée, l'origine de la queue bien plantée, les côtes bien faites, les membres bien musclés, les articulations fortes et larges, l'appareil tendineux bien dessiné et large, et quoiqu'on en rencontre parfois qui soient panards au clos du derrière, la ligne horizontale est généralement exempte de reproche, le pied bien fait et la corne bonne.

Ils ont de bonnes allures, beaucoup de vigueur et de fond; ce sont, d'après ce que nous avons été à même de remarquer de très-bons chevaux de cavalerie légère et supérieurs aux chevaux de la race de Tarbes, par leur force et durée en service; mais, comme ces derniers, ils ont besoin d'être traités avec douceur, à cause de leur caractère sauvage, conséquence de leur éducation première.

Les produits du cheval anglais avec la jument indigène ne se rencontrent que bien exceptionnellement. De ce mélange, disons-nous, on n'obtient que des sujets chétifs et mal construits; c'est ainsi que l'on voit de ces chevaux qui joignent une grosse tête à une encolure longue et grêle, une poitrine étroite, la pointe du sternum se présente en saillie d'une forme disgracieuse, la côte courte et plate, hanches étroites, croupe courte et avalée, ce qui donne à l'arrière main un aspect disgracieux, les membres longs et peu musclés, les cuisses surtout, les jarrets droits et étroits, mais les éminences fortement prononcées, à tel point que beaucoup de personnes considèrent cela comme un indice de tares; outre les articulations qui sont minces on remarque encore chez ces mêmes chevaux un appareil tendineux mince et étroit, une ligne d'aplomb défectueuse, brassicourte, coudée et les jarrets étranglés, très-souvent cagneux, longs et bas-jointés, le pied

(*) Aspect sauvage, rustique.

bien fait et la corne bonne. Ils ont un caractère doux, mais très-impressionnable, qui exige qu'on les traite avec douceur; leur énergie est beaucoup trop grande pour des chevaux qui sont en somme manqués, décousus, ficelés et impropres au service militaire.

Comme il a déjà été dit plus haut, on ne rencontre ces chevaux qu'exceptionnellement; néanmoins nous avons pensé bien faire en reproduisant le fidèle portrait du résultat de semblables croisements, pour montrer par là le risque que l'on court, en employant le cheval anglais de voir le cachet de localisation complétement s'effacer. Il est facile de prévoir qu'une lutte semblable contre la nature des choses deviendrait indubitablement funeste au pays; nous reviendrons du reste spécialement sur ce sujet à l'article CROISEMENT.

DE L'ÉLÈVE DU CHEVAL DANS LE DÉPARTEMENT DE LA CREUSE OU DE SON ÉDUCATION PREMIÈRE.

Par l'élève du cheval pris dans l'acception du mot, nous devons comprendre l'ensemble des opérations qui ont pour but la production. Dans ce sens étendu il embrasse tout à la fois, la monte, la conception, la gestation, la naissance, l'alimentation et, enfin, tout ce qui concourt à son entretien jusqu'à l'époque où il est livré à la remonte.

Dans la Creuse, pays d'herbages, l'élève du cheval ne se pratique jamais de cette manière large et complète usitée dans les pays de labour, parce que les conditions avantageuses qu'il exige ne s'y rencontrent pas comme dans les autres; en effet, dans les pays de labour, il n'y a pas à tenir compte de la valeur du poulain, du prix de la nourriture de la mère, puisque celle-ci, ayant sa place et sa fonction dans l'exploitation, paye journellement ce qu'elle consomme. Le travail qu'accomplit la jument permet de faire entrer le grain pour une large part dans son alimentation. La nature et l'abondance du lait qu'elle donne à son poulain s'en ressentent, et, jusqu'à l'époque du sevrage, le jeune animal n'a rien coûté au fermier, sa valeur est pour lui un bénéfice net.

A deux ans ou deux ans et demi, le jeune animal, comme sa

mère rend déjà des services qui permettent de lui donner du grain.

Dans la Creuse, au contraire, les travaux agricoles indistinctement se font avec l'espèce bovine; celle-ci attire d'avantage l'attention des agriculteurs, à qui les nombreuses foires de bêtes à cornes de ces contrées où se réunissent un grand nombre de marchands, assurent de grandes facilités à l'écoulement des animaux destinés à la boucherie : aussi les bénéfices facilement réalisables qu'offre l'industrie bovine sont-ils un obstacle dans la Creuse pour la multiplication et l'amélioration de l'espèce chevaline. Ce que nous allons essayer du reste de démontrer dans l'article CAUSES DE L'INFÉRIORITÉ DE LA PRODUCTION.

Passons maintenant en revue chacune des opérations qui ont pour but la production, telles qu'elles se pratiquent dans le département.

La monte dont l'exécution pratique dans les différentes stations a lieu tous les ans depuis le mois février jusqu'à la fin de juin époque à laquelle les étalons retournent à leur dépôt respectif qui est Pompadour. Le procédé de la monte en usage est celui en main. Le choix des reproducteurs, qui devrait toujours être raisonné selon la fin qu'on se propose de deux reproducteurs de même race ou de race différente, est confié au palfrenier du haras, détaché à la station pendant la saison des saillies. Les exigences de ce dernier sous le rapport de l'accouplement sont très-limitées, vu le faible nombre de juments que l'on présente; par conséquent montrer une sévérité mieux raisonnée dans le choix de ces dernières serait une raison de plus pour encore faire diminuer le nombre déjà si restreint de celles qu'on livre à la reproduction : car sur cinquante juments présentées, il est rare d'en rencontrer vingt offrant des avantages quant aux conditions vitales, à l'ensemble, au sang, à une certaine symétrie chez les juments reproductrices, pour que leur produit puisse réunir la force physique, l'aptitude au travail, enfin au service auquel on le destine.

CONCEPTION.

Si le chiffre de juments fécondées n'atteint pas celui moyen,

4

qu'on remarque en d'autres pays d'élevage, nous ne devons l'attribuer qu'aux juments à constitution débile, au mauvais état dans lequel elles se trouvent au moment de la saillie, parfois aussi à leur jeune âge (*), à leur organisation, trop moyenne de naissance, devenue trop pauvre par suite d'une éducation première par trop parcimonieuse, enfin, parfois aussi à l'âge avancé, à une organisation prématurément usée, aux étalons épuisés par les saillies trop multipliées dans la même journée (**).

GESTATION.

La gestation est presque toujours de la durée ordinaire, les avortements rares et ceux qui se présentent par exception doivent être attribués d'abord aux accidents qui arrivent aux juments (***) que l'on laisse pêle-mêle avec les bœufs et vaches au pâturage, plus souvent encore au toucher brutal auquel les empiriques ou les métayers eux-mêmes se livrent (l'exploration vaginale). Bien rarement on fait travailler les chevaux, et les juments pleines, jamais.

La mise bas à très-souvent lieu en plein air, c'est-à-dire au pâturage où la jument prend sa nourriture pendant toute la bonne saison, même pendant une grande partie de l'hiver, s'il n'est pas trop rigoureux. La naissance effectuée heureusement, le poulain n'est pas mieux traité qu'avec sa mère. Tout ce qui tient à l'espèce chevaline, quelque soit son âge, est l'objet de très-peu de soins de la part des éleveurs.

ALIMENTATION ET SOINS DONT ILS SONT L'OBJET.

Ces animaux passent la plus grande partie de leur vie dans les pâturages de médiocre qualité, qu'une disposition mieux rai-

(*) Nous avons vu des juments de deux ans à deux ans et demi qu'on a fait saillir, dans un état de maigreur épouvantable.

(**) Il arrive souvent que dans la même journée on fait saillir plusieurs juments par le même étalon.

(***) Les coups de cornes qu'elles reçoivent assez fréquemment; assaillies et pourchassées par le loup.

sonnée des petits cours d'eau qui en sillonnent les parties basses, souvent marécageuses, rendrait supérieurs en assainissant les surfaces. Le poulain naît et s'élève pour ainsi dire dans ces prairies, car à peine peut-il marcher qu'on l'y abandonne avec sa mère; lorsque l'époque des neiges est arrivée il reste enfermé dans des écuries insalubres, sombres, dont la capacité intérieure, la disposition des ouvertures, enfin l'aération laissent infiniment à désirer, et où il reçoit pour unique nourriture le foin des prairies naturelles qui n'ont point été livrées au pâturage.

C'est dans cette saison que ces animaux dépérissent promptement; la nutrition s'opérant mal il y a alors un temps d'arrêt bien marqué dans la croissance; la nourriture suffisant à peine pour l'entretien des fonctions est incapable de favoriser leur développement.

Au printemps, à l'époque où les plantes sont abondantes et succulentes, ces jeunes animaux, avides de verdure, se développent rapidement et acquièrent même un certain embonpoint; en été l'herbe devient parfois rare pendant les fortes chaleurs, ils trouvent à peine de quoi subsister ; constamment en plein air, ils sont exposés aux rayons d'un soleil ardent et aux insectes tourmentants.

Il est bien entendu que ces observations ne sont applicables qu'aux poulains appartenant aux métayers et aux cultivateurs de la classe peu aisée.

A l'âge de quatre ans les poulains qui n'ont subi aucune détérioration, soit par suite d'accidents ou de maladies, sont présentés à la remonte. Jusqu'à cette époque ils ont été pour ainsi dire abandonnés à eux-mêmes, enfin il n'ont été l'objet d'aucun soin. Néanmoins quelques éleveurs, qu'il faut compter en si petit nombre qu'ils forment une exception rare, donnent en ce moment un peu d'avoine; le foin également est choisi dans ce qu'il a de meilleur, dans l'unique but d'effacer, en augmentant l'embonpoint, cet état de maigreur, voisine parfois du marasme (état anémique) que l'on rencontre fréquemment chez beaucoup de jeunes sujets, conséquence incontestable de cette éducation première par trop parcimonieuse depuis leur naissance, car le lait de la mère est toujours appauvri par la mauvaise alimentation et le manque de soins hygiéniques, et ne profite, par conséquent, guère au poulain.

SOINS HYGIÉNIQUES.

Les soins hygiéniques qu'on lui prodigue sont très-simples, toute l'année presque il vit en plein air, exposé aux variations atmosphériques, il n'est jamais pansé : ne pas s'attacher à la pratique rigoureuse du pansage est, en effet, le vrai moyen de s'opposer aux nombreux refroidissements, et partant aux répercussions les plus funestes ; ces jeunes animaux étant continuellement exposés à toutes les vicissitudes d'une atmosphère excessivement variable, les soins hygiéniques auxquels sont soumis les chevaux de la Creuse, depuis leur naissance jusqu'à l'âge de trois à quatre ans, sont à peu de choses près nuls, mais malgré cet abandon dans lequel ils sont élevés, ceux qui vivent ne sont pas moins pleins d'énergie et de vigueur.

Si, comme il a déjà été dit, quelques améliorations étaient apportées dans les parties basses, trop humides, même marécageuses des prairies, afin de faire disparaître les mauvaises herbes qui seules dans beaucoup d'endroits recouvrent le sol, et si en même temps on modifiait le régime du jeune âge en le rendant plus nutritif par un peu de grain ajouté à l'alimentation, tout en entourant les produits de soins hygiéniques raisonnés sur les exigences de la croissance et du développement que les jeunes sujets en général réclament, la Creuse produirait de très-bons chevaux de cavalerie légère, par le bon ensemble de leur conformation, leur force, leur taille, leurs allures et leur durée en service, surtout. Il est facile de concevoir, du reste, que sous l'influence d'une pareille éducation première, d'un élevage aussi rude, les chevaux de la Creuse acquièrent par là une force de résistance, une rusticité à toute épreuve. — Quelques éleveurs seulement, mais mieux partagés par la fortune, font le cheval de pur sang. Les poulains sont en liberté dans d'excellents pâturages pendant le jour et lorsque l'état de l'atmosphère le permet ; ils rentrent le soir dans de très-bonnes écuries disposées en boxes et y reçoivent une alimentation substantielle, c'est-à-dire du grain. Depuis l'âge de trois mois leur ration est augmentée graduellement de manière à atteindre la quantité de 10 à 12 litres d'avoine par jour avant l'âge de deux ans révolus, époque à laquelle ils sont envoyés à Limoges ou ailleurs pour être soumis à l'entraînement, et lorsqu'ils échouent dans cette opération préparatoire ils sont ensuite vendus au commerce, le plus souvent à la remonte, s'ils réunissent les conditions du bon cheval d'arme, et que le prix ne dépasse pas celui que la commission d'achat peut en donner.

ÉTAT DE LA PRODUCTION.

La production chevaline dans la Creuse est une branche à laquelle les agriculteurs attachent moins d'importance qu'à celle de la race bovine; la statistique dressée en 1858, par les soins de M. le Préfet de la Creuse, fait connaître en effet qu'il n'existe dans le département que 5,233 chevaux, qui se divisent ainsi :

Chevaux de 4 ans et au-dessus.................... .. 2,035
Juments de 4 ans et au-dessus..................... 2,218
Poulains et pouliches de 3 ans et au-dessous......... 980

Total..................... 5,233

Il est réellement regrettable d'avoir à constater une si faible richesse numérique, quoique l'on soit obligé de reconnaître que les chevaux, à cause de l'ensemble de leur conformation et de leur aptitude au service militaire, sont recherchés par la remonte.

Le chiffre si restreint de la population chevaline, comparé à celui de la race bovine, nous démontre suffisamment que l'élevage du cheval dans le pays n'est nullement en faveur, puisque on ne s'occupe ni de l'augmentation du nombre, ni de l'amélioration de la race, chose qui deviendrait facile par les progrès agricoles, des éléments d'amélioration mieux en rapport avec la race du pays et une alimentation plus généreuse.

A l'aide des moyens sus-indiqués on arriverait incontestablement à augmenter le nombre des chevaux dans le pays, à donner à cette race une valeur mieux définie, enfin, une aptitude qui permettrait de l'utiliser en dehors du service de la cavalerie légère, tandis que sa forme et sa taille jusqu'à présent ne permettent guère de lui donner une autre destination, car si on veut sortir de la taille du cheval pour l'arme de la cavalerie légère on ne trouve que des chevaux décousus, à corps aplatis, à membres longs et grêles et impropres à une bonne production. Ici on ne fait rien de bien suivi, rien de bien raisonné, tel que nous le démontre bien clairement l'emploi d'étalons à types les plus divers; au lieu d'employer ceux commandés par l'état agricole, l'on persiste à introduire dans la Creuse de ce sang étranger dont la production n'est nullement en rapport avec les ressources et le climat du pays. Par conséquent, avec ces conditions hygiéniques et économiques, en continuant ainsi, la race chevaline de la Creuse finirait par céder sur son propre terrain aux causes qui tendent à la détruire. En ce moment déjà elle est menacée de perdre son importance économique, car elle s'affaisse sous le poids de son insuffisance; elle n'a pas notablement dégénéré, il est vrai, mais elle n'a point fait de progrès en nombre, et ceux en qualité sont peu sensibles. C'est ainsi que l'ignorance, le hasard et l'indifférence président à la production chevaline. On conçoit alors facilement que cette manière d'agir et d'accoupler, surtout, doit naturellement entraîner tous les inconvénients de la promiscuité.

La production du bœuf est l'industrie principale du cultivateur; peut-être celle de la mule grandira-t-elle plus tard, c'est ce dont on nous menace; mais nous croyons pouvoir affirmer que ce genre d'industrie ne pourra jamais prendre faveur sur une échelle assez grande pour devenir préjudiciable à l'industrie chevaline. Cette dernière incontestablement déjà si profitable à l'éleveur ne devrait pas rester en arrière, d'autant plus que cette tension générale vers le progrès agricole, qui émane de très-haut, se fait vivement sentir, disposé que l'on est de continuer les moyens d'encouragements tels que les primes, l'achat des produits par la remonte pour peu qu'on les trouve aptes au service, puis l'envoi des juments par l'administration de la guerre, dont le choix dans les corps devrait toujours être basé sur les besoins et les ressources des producteurs, sur les conditions hygiéniques de la contrée, enfin sur les influences locales. Dans la Creuse, tout est à créer, et quand tout est à faire, ce qui est le plus simple est à la fois le plus utile, par la raison que généralement c'est aussi le plus praticable.

ACCROISSEMENT OU DIMINUTION DE LA POPULATION CHEVALINE.

Pour bien étudier la situation chevaline il était indispensable d'abord de s'assurer du chiffre de la population que le département possède; il nous reste maintenant encore à savoir si elle va en augmentant ou en diminuant, à cet effet nous avons recueilli à des sources certaines tous les renseignements indispensables pour être fixé à ce sujet.

Le recensement fait dans les premiers mois de 1858 présente les résultats suivants :

| ÉPOQUE. | POPULATION | | PROPORTION |
	Chevaline.	Humaine.	EN NOMBRE ROND.
1858.	5.233	278,889	Un cheval pour 53 habitants.

A ces renseignements on peut joindre ceux que fournit la statisque agricole de la France faite par les soins de l'administration. Du tableau que présente par départemement, le chiffre des chevaux, des juments et des poulains nous extrayons les renseignements suivants:

Population chevaline de la Creuse.

En 1840....................... 6,178 chevaux.
En 1850 .... 7,739 —
En 1858....................... 5,233 —

A cet effet, pour mieux nous rendre compte nous avons établi le tableau suivant:

ANNÉES.	POPULATION CHEVALINE.				Nombre de saillies par an.	NOMBRE DE PRODUITS.			CHEVAUX achetés par le dépôt de remonte de Guéret.		TOTAL.
	Chevaux.	Juments.	Poulains, pouliches.	Total.		Mâles.	Femelles.	TOTAL.	Chevaux.	Juments.	
1853.	»	»	»	»	747	225	234	459	25	34	59
1854.	»	»	»	»	1,005	243	229	472	50	71	121
1855.	»	»	»	»	1,014	324	290	615	45	58	103
1856.	»	»	»	»	1,141	304	332	636	45	28	73
1857.	»	»	»	»	1,134	268	296	557	41	32	73
1858.	2,035	2,018	980	5,233	1,220	347	361	708	29	18	47
1859.	»	»	»	»	1,139	330	364	694	42	47	89
1860.	»	»	»	»	1,123	»	»	»	21	10	31
TOTAUX....	2,035	2,018	780	5,233	8,523	2,041	2,106	4,141	298	298	596

Ces renseignements constatent conséquemment que la population chevaline de la Creuse était en 1840 de 6,178 têtes, en 1850 de 7,739; que jusqu'alors elle a été sans cesse en augmentant, qu'en 1858 elle était de 5,233, et avait considérablement diminué; que le nombre de saillies par an à dater de 1853 a été en augmentant jusqu'à 1858 inclusivement; que de 1859 à 1860 elle a été en diminuant; que le nombre de produits tant mâles que femelles (*) a été depuis 1853 à 1856 inclusivement en augmentant et que de 1857 à 1859 inclusivement il est resté à peu de chose près dans les mêmes proportions; enfin qu'en 1858, le rapport du nombre de chevaux à celui des habitants est resté de 1 cheval pour 53 habitants, tandis que celui du bœuf, dont le nombre s'élève à 170,916, est resté de 3 pour 5 habitants.

De tout ce qui précède on peut conclure, en ayant égard toutefois aux époques où les divers recensements ont été faits, que la population chevaline de la Creuse est moins considérable que celle des autres départements, à l'exception pourtant de ceux des Basses-Alpes et Hautes-Alpes (**), et enfin qu'en ce moment les éleveurs ne tendent nullement à l'augmenter.

Il est bien facile de dire que l'on peut produire des chevaux partout en France, nous ne le contestons pas, mais peut-on les élever partout avec avantage? telle est la question : car on doit être assuré que l'industrie chevaline, même à l'aide d'encouragements, ne prendra d'importance sérieuse que lorsqu'elle se trouvera placée dans des conditions qui lui permettront de s'exercer avec profit et sur une échelle d'une certaine étendue. Comme on le sait déjà, dans la Creuse la culture se fait avec des bœufs dont le rendement est aussi certain que lucratif : l'éleveur, par conséquent, fait faire le moins de chevaux possible. L'insuffisance de la production chevaline dans la Creuse n'est certainement pas un fait nouveau, mais il est à craindre, en ce moment, qu'en sus de la diminution du nombre de chevaux qui est incontestable, on n'ait celle des bons chevaux de service par suite des mauvais soins et accouplements.

(*) Renseignements du haras de Pompadour.
(**) Extrait de la statistique générale, tableau indiquant la population chevaline de la France par département.

CAUSES DE L'INFÉRIORITÉ DE LA PRODUCTION
ET DE LA REPRODUCTION.

L'infériorité de la production chevaline dans la Creuse est depuis longtemps connue; malgré cela on ne cesse de dire que si on ne produit pas de chevaux c'est parce que les moyens d'encouragements et les prix d'achats payés par la remonte sont insuffisants. Bien certainement il n'en est point ainsi, et pour confirmer ce que nous avançons nous nous sommes occupé bien sérieusement à en rechercher les vraies causes et à en donner l'explication.

La pénurie de l'espèce chevaline dans ce département tient aux mêmes causes que celles qui font obstacle au développement de l'agriculture:

La nature du sol, la pauvreté du territoire, le manque de bras pour cultiver la terre, le morcellement du sol et sa division à chaque génération, les avantages assurés par l'industrie bovine, enfin l'ignorance.

Par ce qui précède on peut facilement se convaincre que l'agriculture est généralement arriérée dans la Creuse, et que cette dernière ne peut produire un contingent de chevaux dans les proportions d'un pays d'élevage des plus ordinaires. Dans ce département l'élève du cheval n'est qu'une industrie essentiellement accessoire et pour cette raison les propriétaires négligent tous les moyens nécessaires, indispensables pour en augmenter le nombre, ainsi que pour l'améliorer. Il est bien reconnu par les personnes qui ont voulu s'occuper de cette question, que cette industrie ne pourra prospérer que simultanément avec les progrès agricoles considérables changeant d'abord la position du cultivateur ainsi que les conditions d'alimentation, parce que la récolte des fourrages en ce moment est loin d'être en rapport avec l'alimentation nécessaire aux animaux qu'on fait naître et que l'agriculteur ensuite est naturellement avare d'une nourriture qu'il ne récolte pas en quantité suffisante et dont il réserve la plus grande partie pour les bœufs qui sont ses principaux auxiliaires et sa source de bénéfices, tant par leur travail (*) que par

(*) Les races bovines, dites parthenaise et limousine, sont admirables de

le rendement en viande, lait et fumiers. Cette pénurie en fourrages se fait d'autant plus sentir sur l'élève du cheval que les bénéfices que cette industrie rapporte aux propriétaires sont généralement inférieurs et plus tardifs que ceux que rapporte l'industrie bovine, si nous considérons surtout que le cheval de ce pays par sa taille et sa forme n'a d'autres débouchés que la remonte, rarement le luxe et le commerce ; que, pour cette raison, les marchands n'explorent pas la contrée parce qu'ils connaissent à l'avance le genre de chevaux qu'ils y trouveront et l'assurance qu'ils ont de n'y pouvoir faire des acquisitions assez multipliées pour les couvrir des frais de toute nature que leur déplacement entraîne.

Les cultivateurs préfèrent l'industrie bovine parce que, disent-ils, la production du bœuf présente des chances de gain beaucoup plus assurées que la production chevaline, que pour vendre un cheval à l'âge de quatre ans, et sans mettre trop de sévérité, l'officier acheteur exige qu'il soit exempt de tares, tout en passant même sur celles qui ne diminuent en rien l'aptitude à un bon service, mais qu'une tare sérieuse peut survenir par suite d'un simple accident, déprécier le cheval, le mettre dans des conditions à le faire refuser par la remonte, tandis que dans l'élevage du bœuf, disent-ils, il est beaucoup plus rare de perdre la totalité de la valeur des produits ; qu'une foule d'autres accidents qui diminuent parfois de moitié et des trois quarts le prix d'un cheval n'ont le plus souvent aucune importance pour l'espèce bovine ; et qu'enfin le bœuf ayant une croissance plus rapide, le producteur rentre beaucoup plus vite dans ses avances.

Dans la Creuse les juments et leurs poulains ne font aucun travail, le produit de la vente de ceux-ci est le seul bénéfice de l'éleveur. La valeur du poulain, au moment où il naît, représente outre le prix de la saillie, celui de la nourriture de sa mère pendant toute une année. De plus, sur cinq juments saillies, trois en moyenne seulement étant fécondées, il faudra ajouter encore à

forme, de taille, et très-propres au travail ; elles servent exclusivement à la culture, et dans une contrée aussi difficile, aussi accidentée que la Creuse, on comprendra facilement que les chevaux ne puissent que rarement et difficilement être utilisés aux différents travaux agricoles.

la valeur du produit les deux tiers du prix d'entretien de la mère.

Le manque d'emplacement et de nourriture nécessaires pour conserver les produits jusqu'à l'âge de quatre ans sont aussi cause que les éleveurs vendent les produits à l'âge de dix-huit mois, deux ans, pour faire place à une nouvelle suite. En somme, l'industrie bovine est l'écueil contre lequel vient échouer l'industrie chevaline, peut-être plus tard encore contre celle de la mule dont on nous menace. Voici du reste les renseignements recueillis à cet effet, et que nous reproduisons sous toutes réserves. La personne qui nous les a fournis s'explique dans les termes suivants :

« Depuis plus de cinquante ans, les cantons de Felletin, Crocq « et la Courtine, situés dans l'arrondissement d'Aubusson, s'oc- « cupent de l'élève du mulet; tous les propriétaires de ces can- « tons abandonnèrent alors l'élève du cheval. M. Roy-Pierrefitte « fut un des premiers qui, à cette époque, a donné une grande « impulsion à cette industrie.

« En 1808, il fit venir du Poitou quatre baudets pour la monte; « avant lui quelques propriétaires dans différents endroits de « ces mêmes cantons tinrent quelques baudets, mais dans de « si mauvaises conditions qu'on se vit obligé d'envoyer les ju- « ments pour être saillies dans les cantons de Giat, sur la limite « de l'Auvergne.

« Après le bon choix de ces reproducteurs achetés par M. Roy- « Pierrefitte, l'industrie mulassière prit alors une grande exten- « sion, à tel point, que le canton de Felletin, à lui seul, fournis- « sait 150 mulets par an. Les cantons de Crocq et de la Courtine « fournissaient le même nombre, ce qui fait en tout 300 têtes de « mulets qui furent régulièrement achetés tous les ans à l'âge « de six mois par des marchands de la Haute-Loire et du Cantal « pour un prix variant de 150 à 200 francs et ensuite conduits au « Puy et à Aurillac pour y être utilisés pour les travaux d'agri- « culture. »

Aujourd'hui nous apprenons de source certaine qu'à Felletin même on essaye de nouveau à propager le goût pour l'industrie mulassière; un atelier composé de deux baudets seulement vient d'être créé par un riche propriétaire de cette localité. Malgré cette tentative d'essai en faveur de l'industrie mulassière et au détriment de celle chevaline nous persistons toujours dans le doute que cette production puisse prendre faveur.

Il est vrai, comme on le dit, que le mulet peut être vendu à l'âge de six mois à un an et qu'alors l'insuffisance de logement ne se fait pas autant sentir; qu'on n'est pas obligé de conserver plusieurs suites jusqu'à l'âge de quatre ans, comme pour le cheval; mais ne vend-on pas aussi des poulains avant l'âge de quatre ans? Nous avons vu de nos propres yeux des éleveurs vendre leur produit à l'âge d'un an à deux ans ou deux ans et demi sur le champ de foire de Roches, canton de Saint-Vaury, qui tous les ans a lieu le 22 juillet. Par conséquent, l'insuffisance de logement est pour nous un motif sans valeur; il vaudrait infiniment mieux que l'on dit: nous aimons mieux avoir un cheval ou un mulet de moins et trois bœufs de plus.

Si aujourd'hui les caractères de la race chevaline de la Creuse ne sont généralement bien accusés, cela peut s'expliquer par ce qui suit: l'accouplement très-mal dirigé est souvent la cause de bien grandes déceptions et de découragements, car bien rares sont les éleveurs qui en mariant les femelles aux mâles cherchent par avance à se rendre compte de la valeur à laquelle pourraient atteindre les produits, des formes, des aptitudes qu'il faudrait réaliser; il est rare qu'ils se proposent une fin raisonnée, qu'ils marchent suivant une direction éclairée; ils n'ont qu'un but, celui d'avoir un produit et de le vendre ensuite au plus vite possible et s'il réussit, ce n'est pas moins le résultat d'une opération livrée au hasard. C'est ainsi que presque tous prétendent en accouplant leurs juments généralement de petite taille, souvent chétives et trop jeunes, obtenir avec un étalon de grande taille, fortement établi, un produit qui lui ressemblera; de là résultent ces produits décousus et trop grêles pour leur taille, enfin impropres à toute espèce de service. Les croisements tentés chez plusieurs éleveurs de notre connaissance avec des chevaux de race anglaise ou anglo-normande, ont pleinement confirmé la vérité de ces observations. Quelques éleveurs séduits par un heureux croisement pour le pays et sous l'influence de la prime de conservation, ont conservé ces juments pour les livrer à la reproduction en les accouplant de nouveau avec un étalon de même race que celui primitivement employé. Cette marche aurait pu être bonne si on était en mesure de donner à ces produits des soins et une alimentation en rapport avec leur origine; mais dans la Creuse ce système est impraticable parce que l'éleveur n'oublie nullement la spéculation pour le succès de l'industrie, il veut les élever de la même manière parcimonieuse que ceux de la race locale. Cette pratique vicieuse que l'on continue donne évidemment pour résultat des chevaux le plus souvent inférieurs à ceux de la race ordinaire du pays.

Pourquoi donc au lieu d'obéir à la science des hippologues de pur sang, dont l'emploi se fait d'une manière si contraire à une bonne reproduction, ne donnerait-on pas la préférence à l'étalon commandé par l'état agricole et les conditions hygiéniques de la contrée, à l'étalon qui, par sa conformation et ses qualités, se rapproche le plus de la race locale? Ceci est d'autant plus nécessaire que les croisements vicieux ont presque toujours eu pour résultat la perte d'un nombre assez considérable de produits.

Nous ne voulons pas passer sous silence l'état des juments qu'on livre à la reproduction, dont le plus grand nombre ne sont poulinières qu'accidentellement (*). Celles élevées par les cultivateurs sont bien loin de réunir les conditions pour reproduire d'une manière convenable; elles sont généralement beaucoup trop petites pour les étalons du Gouvernement, souvent chétives, sans race, ni conditions de force et de conformation et que l'on fait saillir par les types les plus divers et par des sujets affaiblis par le trop grand nombre de saillies dans la même journée. Combien de fois n'avons nous pas vu faire saillir la même jument par deux, trois étalons d'origine différente; ajoutons à cela celles qu'on consacre à la reproduction à un âge trop tendre, c'est-à-dire bien avant qu'elles aient pris tout leur développement (**). A ce manque de bonne

(*) Celles envoyées par les régiments, etc., qu'on fait ensuite saillir.

(**) A deux ans et demi ou trois ans, beaucoup trop petites, trop faibles pour l'étalon et par dessus tout dans de mauvaises conditions d'entretien.

direction pour les accouplements auxquels personne ne s'oppose, on peut ajouter les incertitudes, les tâtonnements, les changements incessants et rapides des systèmes suivis et qui prouvent bien clairement qu'on n'a ni méthode arrêtée, ni base, ni principes : dans de semblables conditions il est impossible de bien faire.

Dans la Creuse, les petits fermiers ou métayers qui, en définitive forment la masse des éleveurs, n'ont ni les avances, ni le savoir indispensables aux combinaisons de l'élevage du cheval de luxe, pas même pour celui de bon service qu'on devrait seul chercher à leur faire faire. C'est précisément pour cette raison qu'ils ont besoin d'être dirigés sur la multiplication et l'élevage du cheval de bon service, sur le choix des étalons qui peuvent croiser avec avantage leurs juments. Il convient de faire ressortir surtout la valeur incontestable de l'influence du régime sur l'amélioration et la conservation de la race locale, et la production du bon cheval de service, jamais on ne saurait assez recommander de mieux loger, de mieux nourrir et de mieux soigner les poulains; mais le manque de vétérinaires dans la plupart des cantons laissant dépourvus de leurs services un très-grand nombre de villages, est une cause de pénurie et d'abâtardissement. Très-souvent il suffit d'un conseil donné dans un croisement pour changer avantageusement la valeur du produit, d'un retard obtenu dans la castration des poulains pour conserver à l'amélioration de l'espèce un bon reproducteur; nous avons été à même de voir un nombre assez considérable de productions manquées que les soins d'un vétérinaire eussent empêchées, ainsi que plus d'une bonne jument qui n'eût point été neutralisée et perdue. Il est encore après cela un nombre considérable de chevaux qui, assez bien conformés, bien élevés, réunissant toutes les conditions voulues, n'ont pu être achetés par suite de l'existence de tares dont la guérison incomplète enlève aux chevaux qui les présentent la moitié de leur valeur. Ce sont le plus souvent des tumeurs dures, osseuses ou fibreuses, autour des articulations, causant des boiteries qu'une simple application fondante, une vésicante eût pu complétement résoudre au début. Nous n'avons pas mal vu de chevaux dans cet état, auxquels le vétérinaire eût par ses

soins rendu leur valeur et même conservé la vie dans le cas où
des maladies aggravées les ont enlevés sans secours.

Loin de vouloir assombrir les couleurs du tableau qui représente
l'élève du cheval dans la Creuse, nous nous sommes fait un devoir
de ne rien omettre de ce qui se passe à notre connaissance *de
visu*, soit en bien ou en mal, relativement à cette importante question, car pour appuyer ce que nous venons d'énoncer, nous pourrions citer une masse de faits de ce genre, si cela pouvait servir à
à avancer le jour qui y mettra un terme. Protéger par une loi bien
définie l'exercice de la médecine vétérinaire est le seul moyen
pour assurer les bons résultats de l'instruction que les vétérinaires sont appelés à répandre dans les campagnes, soit pour détruire les mauvaises habitudes prises, des routines profondément
enracinées, et pour cela il faut des connaissances, de la patience
et de la persévérance, et, bien entendu, pour atteindre ce but ce
ne sera pas l'œuvre d'une année seulement.

En somme, les progrès de la science agricole lorsqu'on s'en
occupe sont toujours lents dans la Creuse, où tout est à faire;
il en est de même pour la production et l'amélioration de l'espèce chevaline, nous avons acquis l'intime conviction que ni
les étalons de l'Etat, tels qu'ils sont envoyés dans les stations,
ni les encouragements quelques forts et bien distribués qu'ils
puissent être, qui peuvent multiplier et modifier cette race; aussi
relativement à l'accroissement et à l'amélioration de l'espèce
chevaline de la Creuse quels ont été les résultats? nous pouvons
avec assurance répondre nuls; pour la multiplication le tableau
qui figure à l'article ACCROISSEMENT OU DIMINUTION de la population chevaline le démontre bien clairement. Pour l'amélioration
les résultats sont mêmes fâcheux, car les étalons d'origine si contraire à la localité et à la race du pays n'ont produit avec la
jument indigène que des animaux décousus, sans race ni qualité
tranchées et surtout incapables de reproduire d'une manière
convenable.

L'éleveur ne pourra arriver à une population chevaline croissante et à son amélioration que par les progrès agricoles, et à
condition qu'il aura de bonnes poulinières, qu'il conservera les

sujets les plus capables de le devenir et que leurs produits seront soumis à une hygiène plus large et mieux entendue, et que les étalons seront mieux en rapport avec les conditions agricoles et la race du pays.

AMÉLIORATION DE LA RACE PAR LE CROISEMENT.

Vice de croisement par le cheval anglais.

La puissance des influences du climat et du sol est connue; au temps où l'art ne savait encore imprimer aucune forme, aucune aptitude, aucune spécialité nouvelle aux animaux, chaque individu était alors abandonné à l'action exclusive des agents extérieurs. De là résultaient ces caractères à part, ce cachet distinctif ou local qui différenciaient d'une manière si tranchée les diverses races véritablement indigènes à la France, mais sitôt qu'on a eu introduit, sans tenir compte s'ils étaient soit commandés par l'état agricole, soit convenables au pays, des étalons de toutes figures et de toutes races, il en est résulté cette confusion dont on se plaint aujourd'hui avec juste raison. Faire acquérir à la race du pays les formes et les qualités qui lui sont propres, se reproduisant ensuite avec toute la certitude que peut demander l'éleveur, tel est le but que nous voudrions atteindre, car dans les conditions actuelles où la race creusoise se trouve, elle a besoin d'être améliorée, et loin de prétendre d'arriver au pur sang, nous nous contenterions du bon cheval de service, du cheval de guerre, précieux à cultiver et que l'on pourra par la suite employer à des services plus variés.

Les modifications, à notre avis, utiles à apporter à l'organisation du cheval de la Creuse, afin de le produire plus ample et plus grand que par le passé, sans pourtant porter la moindre atteinte aux qualités qui le distinguent déjà, ne pourront devenir réalisables que par le croisement judicieux et persévérant du cheval arabe, secondé par une alimentation plus généreuse, et une hygiène plus large et mieux comprise. Nous aurions désiré améliorer cette race par la génération en dedans, pour arriver au plus vite aux caractères les plus constants, les plus

5

transmissibles et particuliers à la race locale; malheureusement elle ne contient pas dans son sein des éléments d'amélioration suffisamment convenables, grâce aux croisements si divers mis en usage qui ont imprimé des modifications tellement variables et surtout préjudiciables aux intérêts de l'éleveur, qu'il est urgent de les interrompre. Par conséquent, pour éviter une perturbation plus complète, l'Etat seul, par son influence toute puissante, son généreux concours (*), enfin les immenses moyens dont il dispose, est à même d'exiger qu'à l'avenir les croisements se fassent avec plus de méthode et de discernement.

Dans différents articles qui précèdent nous avons étudié l'origine de la race creusoise, sa conformation, ses aptitudes, d'autre part les conditions de climat, de température, de culture, d'habitudes locales, de débouchés, afin de pouvoir, pour le mieux, assigner les moyens d'amélioration les plus convenables et les plus directs à employer pour arriver aussi vite que possible à de bons résultats. N'oublions pas conséquemment que les circonstances qui modifient les animaux, tantôt heureusement, tantôt d'une manière fâcheuse, sont toutes dans la condition physiologique des procréateurs au moment de leur union et dans l'influence toujours agissante des agents extérieurs, de l'air, des aliments, du sol.

Le cheval de la Creuse, comme il a déjà été dit, n'appartient pas à une race bien définie; son cachet essentiellement local n'est que le résultat de causes naturelles si puissantes qu'elles font naître, dans l'espèce, ces changements devenus transmissibles par voie de génération, qui constituent ensuite la race. Cette influence naturelle ne peut se traduire que par le climat, c'est-à-dire l'ensemble des conditions physiques et naturelles attachées à la localité, la qualité et la quantité des ressources alimentaires : l'action de ces causes, quoique insensible et lente, n'est pas moins réelle et sûre, et ce qui nous le prouve, c'est que malgré l'emploi de reproducteurs à types les plus divers et leur mauvais choix, les produits, par ce concours de circonstances extérieures, héritent toujours plus ou moins du cachet ou de l'empreinte locale.

(*) Les primes et les juments que l'administration de la guerre confie à l'éleveur.

Nous pensons donc être dans le vrai en disant que la puissance des effets naturels, des influences inhérentes à la localité, aux habitudes générales d'alimentation et d'élevage devrait toujours, lorsqu'il s'agit d'améliorer une race ordinaire, être préférée à celle immense qu'a l'homme sur la matière vivante, sur la machine animale qu'il fait, défait et refait pour ainsi dire à sa guise, pour l'utiliser suivant ses intérêts, tel que cela se pratique pour le cheval de course créé par les combinaisons savantes et intelligentes de l'homme pour ce service spécial ; mais comme il s'agit d'améliorer une race ordinaire et particulière à la localité on doit renoncer à l'emploi de reproducteurs d'une race artificielle se trouvant surtout dans des conditions opposées à celles de la localité, au système d'agriculture notamment; de semblables croisements ne font qu'accroître son exigence pour l'alimentation et les soins en général, aujourd'hui déjà si peu en rapport avec les exigences de développement et de la croissance des jeunes sujets.

Comme nous avons la certitude que la race creusoise, faute d'éléments de reproduction convenables, ne peut être améliorée par elle-même, par conséquent pour n'être pas trop lents à se produire, les résultats de l'importation de producteurs étrangers à la localité et à la race doivent être favorisés dans leur développement par un concours de circonstances extérieures qui placent les produits dans un milieu le moins dissemblable possible de celui dans lequel ont été tenus les producteurs employés. Or, ce n'est ni le cheval anglais, ni le normand qui conviennent, l'anglais surtout, dont on a à tort tant généralisé l'emploi, sans distinction de circonstances opposées, enfin ce cheval d'hippodrome surtout, dont les mauvais résultats obtenus par son application impropre, réclament, d'urgence, son exclusion comme reproducteur dans la Creuse.

Il est bien reconnu du reste que le cheval anglais, en général, est le produit des combinaisons les plus raffinées, de l'élevage qui exige le plus d'esprit d'observation et de science en théorie comme en pratique. Il n'est donc pas rigoureusement exact de dire que le cheval anglais ne soit autre chose que le cheval arabe grandi et doué de qualités supérieures résultant du développement de ses formes. Les Anglais, avec cet esprit d'observation judicieux et cette persévérance qui caractérisent leur nation, avec les dépenses que pouvait faire une aristocratie dont les fortunes sont immenses et dont les domaines ne se fractionnent pas, sont parvenus à trouver quels étaient, sous le climat de l'Angleterre, les soins et l'alimentation qu'il fallait donner aux races de l'Orient, pour maintenir en elles les qualités précieuses qui les faisaient rechercher. En France les produits d'origine anglaise ne pourront prospérer que dans les pays à riches cultures; les éleveurs qui savent faire pour eux ce que les Anglais font eux-mêmes peuvent seuls réussir.

Déjà à notre connaissance le cheval anglais a fait énormément de mal dans le Midi de la France; il a réussi chez certains propriétaires dans une position de fortune exceptionnelle et qui ne font que le cheval d'hippodrome, par goût, par amour propre; mais le nombre est si restreint que nous croyons pouvoir affirmer qu'il ne convient pas plus dans le Midi de la France que dans le Centre, dans la Creuse surtout, où les combinaisons de l'éleveur sont nulles, où les poulains sont abandonnés à eux-mêmes tout l'été et une grande partie de l'hiver, dans les herbages sans abri, sans recevoir un grain d'avoine, où la nourriture leur est disputée par un nombre considérable de gros bétail. Ils sont également exposés à tous les changements brusques de température que les Anglais savent si bien neutraliser par l'emploi de bonnes couvertures en laine et les bonnes écuries.

Outre l'élevage difficile et dispendieux du cheval anglais comme on le fait aujourd'hui, il existe un autre inconvénient qui a sa large part de gravité dans la question qui nous occupe : c'est sa construction, son ensemble de conformation qui est loin de constituer le cheval de guerre, enfin celui de bon service, encore cherche-t-on à l'améliorer en l'altérant dans l'unique but d'arriver au cheval d'hippodrome, à cette machine à grande vitesse. De ces mêmes chevaux lorsqu'il s'en trouve qui remportent un prix de course de vitesse pendant cinq minutes, ils sont, n'importe leur conformation, achetés par l'administration du haras pour servir comme reproducteurs : voilà le plus grand mal.

Aussi les produits d'étalons anglais laissent-ils beaucoup à dési-

rer comme conformation, force et aptitude du cheval de guerre.
Cependant nourris comme les autres et l'objet de soins les mieux
possibles, ils ont la côte peu développée ainsi que les muscles,
et lorsqu'ils atteignent l'âge de quatre à cinq ans, leur poitrine
est serrée, leurs membres sont grêles et hors de proportions, et
d'un entretien généralement difficile. A quoi donc bon ce degré
de sang et cette somme d'énergie transmis par le père au produit,
si les colonnes sont impuissantes à supporter un édifice trop lourd?
elles ne résisteront pas longtemps et la durée de leur service
sera d'autant plus courte que le moteur ne sera pas en rapport
avec la machine, avec la résistance à vaincre.

Puisque les conditions du pays s'opposent à la production du
cheval d'origine anglaise, que les quelques riches propriétaires
qui en faisaient faire abandonnent aujourd'hui, parce que, disent-
ils, l'élevage est trop onéreux, difficile et le rapport douteux;
que les produits qui ne réussissent pas comme le cheval de
course, ne peuvent ensuite être achetés ni par le commerce et
rarement par la remonte, pourquoi donc alors vouloir persister
d'envoyer dans les stations d'étalons de la Creuse des chevaux
d'origine anglaise? Loin de vouloir repousser le cheval anglais,
car nous reconnaissons parfaitement que si nous nous trouvions
sous l'influence de conditions favorables à sa nature on pourrait
naturellement s'occuper de sa production, mais non de ce cheval
dont les amateurs d'hippodrome sont si engoués, qu'on cherche
tous les jours encore à modifier en l'amincissant, en l'étiolant
de manière à le faire dévier de plus en plus de sa destination
utile, mais bien le demi-sang, enfin celui taillé sur le patron du
cheval de service à type de conformation qui le rend apte à la
reproduction, dont le sang qui coule dans les vaisseaux est chassé
par un cœur vigoureux à contractions puissantes, préparé par
de vigoureux poumons logés dans une vaste poitrine, ce qui
constitue en un mot la santé, la force, l'aptitude au travail et
la durée en service, tandis que sous des influences moins heu-
reuses, c'est-à-dire sous l'action d'un climat moins favorisé d'habitudes d'hygiène moins attentives, enfin de circonstances de
reproduction et d'élève moins bien entendues, il y va de l'intérêt
du cultivateur d'abandonner le cheval de pur sang, même celui

de luxe et de ne s'occuper que de la culture du cheval de bon service ou de guerre, en l'améliorant encore, et dont les achats faits par la remonte assurent déjà un bénéfice réel.

Examinons maintenant les régions du cheval de la Creuse susceptibles d'être améliorées.

Il a la taille pour l'arme de la cavalerie légère, rarement au-dessus, mais après un court séjour au dépôt de remonte, il grandit et se développe; il est corpulent et assez étoffé, et surtout bien membré, l'épaule inclinée et allongée, le garrot bien sorti et supporte mieux la tête qui a pris de l'expression, car elle en manquait. Les imperfections qui sont à corriger ne pourront l'être que par l'influence continuée de reproducteurs bien choisis; c'est une question d'accouplement bien facile à résoudre, la région du rein, ordinairement un peu longue n'est pas assez soutenue, parfois plongée, et dans ce cas elle ne présente pas la solidité désirable; la croupe est courte et manque de grâce, la saillie des hanches n'est pas assez prononcée, c'est l'arrière-main qui est plus particulièrement susceptible d'être modifiée, l'avant-main étant presque toujours meilleure et surtout plus régulière. Quant à l'augmentation de la taille, ceci n'est qu'une question de progrès agricole, de meilleure nourriture : quelques sacs d'avoine, la taille et le développement sont là. On n'a donc nullement besoin ni du cheval anglais, ni de celui de Normandie, car pour grandir et étoffer le cheval de la Creuse, et sans l'altérer c'est toujours de l'avoine qu'il faut. Vu la pauvreté du sol, et où la culture des céréales, de l'avoine et des fourrages artificiels est presque inconnue, il nous est facile de démontrer que l'amélioration de la race creusoise par une race perfectionnée ne sera possible qu'autant qu'elle sera en rapport avec le système d'agriculture, qu'on aura relevé et multiplié la race indigène par des accouplements bien dirigés, une alimentation plus généreuse.

CROISEMENT AVANTAGEUX A LA LOCALITÉ ET AUX REMONTES.

Le cheval de la Creuse est déjà approprié parfaitement par sa conformation, sa force, son énergie, son fond, sa sobriété et sa rusticité à la spécialité du service de cavalerie légère auquel

nous voulons, pour le moment seul, l'appliquer en l'améliorant.
Il ne nous reste donc pour arriver aux qualités de la race dans
son type, que d'hypertrophier celles bonnes qu'il possède déjà,
et d'atrophier les défauts par des accouplements raisonnés, une
nourriture et une hygiène plus larges et mieux entendues.

Certes nous eussions préféré au croisement l'amélioration de
la race par elle-même, mais, comme nous l'avons déjà dit, les
bons éléments d'amélioration faisant défaut, nous sommes obligés
d'y renoncer. Il s'agit donc de fixer notre choix sur un reproducteur qui soit à même de corriger les défauts qui ont de la ten-
dance à devenir constants; ce choix, selon nous, doit également
être basé sur les ressources des producteurs et les conditions
hygiéniques de la contrée; or, les faits observés parlent d'eux-
mêmes et démontrent clairement qu'il n'y a que le cheval arabe
qui convient pour améliorer la race chevaline de la Creuse, où
l'agriculture est arriérée et n'est en grande partie pratiquée
que par des cultivateurs peu aisés, incapables de faire les sacrifices commandés pour l'élevage d'un cheval émanant d'une race
artificielle, comme celle anglaise, par exemple. Ensuite, le sol
maigre, pauvre et mal cultivé donne naturellement déjà des individus faibles et chétifs; ceux qui résistent aux conditions défavorables du climat, de l'alimentation insuffisante et qui ne succom-
bent pas aux causes de destruction qui les étreignent de toutes
parts, revêtent presque toujours le manteau de la misère.

L'agriculture dans la Creuse et les ressources de l'éleveur de-
mandent donc le cheval sobre, rustique, capable de s'habituer
aux intempéries des saisons, à une mauvaise nourriture, insuffisante parfois pendant la mauvaise saison de l'hiver : il faut que,
livré à lui-même dans les herbages, sans soins, il puisse réussir
comme une plante en pleine terre.

Donc, pour améliorer le cheval de la Creuse, c'est l'étalon
arabe ou barbe qu'il faut; personne n'ignore que la race arabe est
le principe de toute amélioration, car lorsqu'on l'abandonne,
lorsqu'on la livre à elle même et qu'on la nourrit mal elle conserve encore assez d'énergie pour combattre avec succès la dégé-
nération qui en pareilles conditions se manifeste rapidement dans

toutes les autres races de tous les pays du monde. Du reste,
le cheval arabe n'est-il pas celui de la création, le cheval
type? n'est-ce pas avec lui qu'on a fait, par l'acclimatation dans
toute l'Europe, les chevaux de toutes les espèces, de toutes les
tailles, de toutes les conformations? S'il ne transmettait pas par
voie de génération un sang si précieux, aurions-nous cette race
anglaise de vitesse, dont on persiste à tort à vouloir tant généraliser l'emploi? Évidemment non. Donc, sous tous les rapports
nous devons préférer le cheval arabe à n'importe lequel, quand
même il ne serait pas de race pure (*), pourvu qu'il réunisse les
bonnes conditions de conformation, de locomotion, de force et
d'énergie qui caractérisent le bon cheval de service, le reproducteur sérieux. En 1845, ayant eu l'honneur d'accompagner
l'officier chargé d'acheter dans la régence de Tunis trente-cinq
étalons pour les établissements de Bône, Bouffarik et Mostaga-
nem, nous nous rappelons parfaitement encore avoir vu refuser des chevaux pour défaut de taille, et quoique ayant celle de
1 mètre 52 et 53 centimètres, ils étaient d'origine barbe et d'une
construction et d'une énergie remarquables : ce sont précisément
ceux que nous aurions préférés à ceux d'une plus grande taille
dont la conformation était moins régulière et l'origine surtout
moins bien définie.

Donc en raison de ses bonnes qualités qui le distinguent si bien
des autres races, on doit de préférence répandre dans le pays
l'usage de l'étalon d'origine arabe, par ses conditions prospères

(*) Le pur sang arabe, du reste, ne se rencontre que très-rarement et pour ne
pas laisser dégénérer cette race, l'arabe qui la possède ne tient pas compte de
ce que ce cheval coûte à produire, il joue un rôle très-important dans l'existence de la tribu, la nécessité, la religion, les mœurs l'obligent à l'entourer de
soins particuliers, sa fonction et de porter son maître. Aussi la possession d'un
cheval de race pure est ce qui établit la position sociale d'un chef de famille,
elle est pour lui ce qu'était chez nous au moyen âge la possession d'un fief,
Là où la stérilité du sol condamne l'homme à la vie nomade, la mobilité est tout;
c'est le cheval qui la donne. C'est donc l'importance de sa spécialité pour le peu-
ple à la vie duquel le cheval est si intimement lié, qui a été cause du perfectionnement de sa race. On conçoit alors facilement que les besoins toujours les
mêmes, au milieu d'une civilisation toujours immobile, aient dû l'amener et
maintenir au degré de supériorité que l'on admire aujourd'hui.

très-bien en rapport avec celles agricoles du pays, que ces produits héritent de ses qualités, qu'ils sont plus doux, moins impressionnables, sobres et rustiques, ils résistent parfaitement aux intempéries, aux privations, c'est pour cette raison que les causes de maladie ont moins de prise sur eux. On lui reproche, et à tort, la faible élévation de sa taille, pour rejeter son emploi, pourtant nous avons vu pendant que nous étions détaché au dépôt d'étalons de Bouffarik, pendant notre mission à Tunis, que le cheval arabe fait plus grand que lui. Un exemple frappant à citer est l'emploi de l'étalon arabe karchane à peine de la taille de 1 mètre 42 centimètres, dont nous avons vu des produits nés au haras d'étude de Saumur, et qu'en 1857 nous avons trouvé au dépôt d'étalons de Tarbes. Quoique très-avancé en âge il avait encore, en raison de ses qualités prolifiques, de nombreux partisans, parce que on avait la certitude que généralement il faisait plus grand, plus fort et plus carré que lui, et qu'on avait vu beaucoup de ses produits atteindre la taille et la corpulence du cheval de cavalerie de ligne.

Les petits fermiers ou métayers, comme il a déjà été dit, en définitive forment la masse des éleveurs de la Creuse; ils n'ont ni les avances, ni le savoir indispensables aux combinaisons du cheval de luxe, et encore moins à celui de course; l'expérience en ce moment-ci démontre parfaitement que le sang arabe a plus de rusticité et s'adapte mieux à leur mode de culture, comme à leurs ressources morales et physiques. Dans les concours des primes à l'espèce chevaline de la Creuse, ainsi qu'au dépôt de remonte de Guéret, les produits d'origine arabe se font déjà remarquer par leur condition prospère, la régularité de leur conformation, par l'élégance de leurs formes, leurs moyens de locomotion et leur fond. Ils sont souples, gracieux dans leurs mouvements, sobres et rustiques, d'un caractère doux et facile au dressage; en somme l'agriculture de la Creuse comme les mœurs et les ressources de leurs éleveurs demande donc impérieusement le cheval rustique, sobre, robuste et capable de s'habituer aux intempéries des saisons, à une mauvaise nourriture et souvent même aux privations pendant les mauvaises années.

Il n'y a donc que le cheval arabe ou barbe qui convient, parce qu'il réunit les bonnes conditions du reproducteur sérieux.

Beaucoup d'hippologues ne considèrent le cheval de la Creuse que comme une émanation affaiblie du cheval limousin; qu'elle est maintenant l'origine de ce dernier? Il est hors de doute, dit M. le comte de Montendre, que la race limousine ne doive son origine à l'introduction des chevaux et juments arabes, lors de l'occupation de l'Espagne par les Maures et de l'invasion des Sarrasins dans toute cette partie de la France actuelle, ce que nous avons déjà essayé de constater à l'article RACE CHEVALINE DU DÉPARTEMENT DE LA CREUSE. On prétend aussi qu'au retour des Croisades plusieurs gentilshommes limousins, entre autres un comte de Royère, ramenèrent de l'Orient, à différentes époques, des reproducteurs qui donnèrent à la race limousine ce cachet, ce caractère qu'on retrouve en elle après un aussi long espace de temps. Aujourd'hui ce n'est qu'aux environs de Limoges qu'on retrouve encore les derniers vestiges de cette race, lieux où elle est née et où elle a acquis par l'influence du sol ses qualités distinctives.

Vu l'origine de la race creusoise, ses qualités acquises par l'influence du sol, voisine de la race limousine, c'est donc encore pour ces raisons toutes puissantes qu'il faudra, pour arriver à des produits types, fortifier par le sang arabe les bonnes qualités qu'il possède déjà. Il ne s'agit donc pas seulement, à répandre, à renfermer le sang arabe dans les veines de quelques individus seulement, mais bien de généraliser son emploi pendant une longue succession d'années dans le pays, sans mésalliance, et en n'admettant d'autres contrairement aux conseils donnés par les partisans par imitation du pur sang. Par ces moyens on pourra arriver à une race à caractères bien tranchés, enfin à améliorer, à multiplier et à perpétuer la race locale.

Le choix de juments est sans contredit une question vitale qui a toujours été l'objet d'importantes observations et de nombreuses controverses. Les opinions sont encore très-partagées sur le fait de savoir si les produits sont plutôt héritiers des qualités de leurs pères que de leurs mères, si on n'est pas arrivé à résoudre cette question d'une manière absolue, il n'est pas moins vrai qu'on a maintenant des données à peu près certaines qui peuvent servir de base et de règle, car il est généralement reconnu que les qualités des poulains viennent de la mère; ainsi pendant tout le temps de notre pratique en Afrique, comme en France nous n'avons jamais remarqué un produit sans conditions d'avenir à côté d'une mère robuste, pas plus qu'un produit ayant de l'avenir à côté d'une jument chétive et mal construite. Tout ceci vient à l'appui de l'opinion des arabes qui attribuent la plus large part de transmission pour les formes, les qualités, à la mère (*). Cette conviction chez eux tient évidemment à ce qu'ils ont observé de temps immémorial que les produits, au fond, tiennent plus de la mère que du père. C'est ce que nous avons eu occasion d'observer notamment chez ceux qui élèvent le cheval du désert (**), c'est parmi les tribus qui possèdent cette race qu'existe surtout l'usage traditionnel, qu'en voyant la jument l'on peut se prononcer sur la bonne ou mauvaise nature de son produit, malgré cela il ne faut pas que ce que nous venons de dire soit une raison pour ne pas croire à la part très-grande que peut y prendre le père et pour que le choix en soit fait trop légèrement.

Le choix de la jument mérite donc la plus sévère attention,

(*) Les précautions que l'on prend au moment de la monte, confirment pleinement cette assertion. On surveille jour et nuit les juments de race pure et pendant un temps déterminé pour être bien sûr qu'aucun étalon commun n'y en approchera. Ces mêmes témoins assistent à l'accouchement et ils attestent par serment la noble filiation du nouveau-né. L'acte juridique dressé en cette circonstance est aussi le plus important qui ait lieu parmi les Bédouins, persuadés qu'ils sont de la connexité entre la conservation de leur race équestre et la prospérité de leur nation.

(**) Le nom de *cheval du désert* est adopté par l'usage pour distinguer une race particulière dont la patrie est voisine du Sahara algérien. Elle habite les hauts plateaux qui bordent la ligne Sud du Petit-Atlas, formant une longue zone d'un sol plat, quoique élevé, qui limite au Nord le désert d'Augad, jusqu'aux dernières ramifications, à l'Est de l'Ourarenceris, et dans le pays des Chottes, au milieu des grandes tribus des Harars, des Hachens-Garabas, des Ouleds-Naïls. Dans ces contrées on élève proportionnellement plus de chevaux que dans aucune autre région de l'Algérie.

d'autant plus que les chevaux de la Creuse ne se composent que de produits résultant de l'accouplement de toutes sortes de juments dont beaucoup nées et élevées dans le pays, d'autres envoyées pour la reproduction par l'administration de la guerre, faveur qui a été mise en pratique au dépôt de remonte de Guéret, en 1853.

Cette mesure prise par S. Ex. M. le maréchal Ministre de la guerre, dans l'intention de faciliter aux petits cultivateurs qui ont souvent beaucoup de difficultés à se procurer une jument les moyens d'avoir des poulinières à bon marché et de mettre les individus, tels que loueurs de chevaux, les entrepreneurs de voitures publiques ou les particuliers, dans l'impossibilité de leur faire concurrence, mais cette mesure toute bienveillante et avantageuse, est bien loin d'offrir les résultats qu'on était en droit d'en attendre.

Voici du reste la reproduction fidèle du tableau établi par M. le capitaine Joseph, pendant sa tournée des mois de septembre et octobre 1858, indiquant les résultats donnés par les juments poulinières envoyées par l'administration de la guerre et vendues dans les départements de la Creuse et de la Haute-Vienne de 1853 à 1858 inclusivement.

Les juments poulinières vendues dans les départements de la Creuse et de la Haute-Vienne de 1853 à 1858 inclus, ont donné les résultats suivants :

Suit le tableau.

Années des ventes.	Nombre de juments vendues.	Pertes successives. Mortes.	Vendues avec autorisation.	Vendues sans autorisation.	Emmenées dans d'autres départements.	Non retrouvées.	Totaux des pertes.	Reste à l'effectif au 30 octobre 1858.	Poulains obtenus. Pouvant être propres un jour à la remonte.	Mal conformés ou trop petits pour le service militaire.	OBSERVATIONS.
1853.	9	3	3	»	»	2	8	1	3	»	La vente a lieu après l'époque de la monte pour les juments de 1855, 1856 et 1857. Il résulte des chiffres ci-contre que 100 juments donnent environ 13 poulains par année et qu'au bout de six ans toutes les poulinières disparaissent.
1854.	41	9	4	16	»	2	31	10	16	12	
1855.	81	11	28	13	»	3	55	26	23	15	
1856.	66	9	7	6	4	1	27	39	14	4	
1857.	40	2	5	1	»	»	8	32	»	»	
1858.	7	»	2	»	»	»	2	5	»	»	
	244	34	49	36	4	8	131	113	56	31	

} 87

Ces renseignements sont écrits de la main propre de M. le capitaine Joseph dont le zèle et l'esprit observateur nous sont connus.

A quoi attribuer cet état de choses? est-ce au mauvais choix des juments ou bien à l'indifférence des propriétaires se disant éleveurs sérieux ? Faute de renseignements bien précis nous nous imposons l'abstention de nous prononcer. Mais pour arriver à de meilleures résultats on ne devrait jamais employer à la reproduction que les meilleures juments du pays, celles qui réunissent les bonnes conditions de conformation, de force et d'aptitude. Celles envoyées par les régiments, on devrait toujours les choisir de manière à pouvoir les utiliser au profit de la race locale, et ne désigner pour la Creuse que celles les plus en rapport avec les conditions agricoles du pays, en un mot qui offrent les qualités fondamentales les plus essentielles. Par l'étude et l'observation on arriverait ainsi à un résultat.

Pour les juments provenant de l'Etat, il conviendrait peut-être pour obtenir de meilleurs résultats de modifier les dispositions du certificat de cession.

Pour les juments du pays modifier également les récompenses dans leur valeur, ainsi que leur mode de répartition.

Nous reviendrons du reste sur ces deux questions à l'article ENCOURAGEMENTS.

Malgré ce que nous venons de dire de la jument, nous n'admettons pas moins la puissance mystérieuse du mâle, mais une fois son rôle terminé celui de la femelle commence et c'est au milieu qu'elle possède que s'achève l'œuvre, et si ses ressources sont faibles, l'œuvre ne sera pour ainsi dire qu'ébauchée et demeurera toujours imparfaite. Les meilleurs produits sont et seront toujours le résultat d'un heureux accouplement, et les mauvais dépendront toujours incontestablement du mauvais choix du père et de la mère. C'est donc sur le choix des reproducteurs qu'il faudra porter notre action et nos ressources; il serait donc utile, dans les conditions où nous nous trouvons, de s'occuper à la fois des reproducteurs des deux sexes; mais en l'absence d'un nombre de juments suffisant et convenable, il nous semble préférable de s'occuper plus spécialement des mâles, parce qu'un étalon peut améliorer cinquante produits, tandis que la jument n'a d'action que sur un seul.

Notre séjour de quatre années passées au dépôt de remonte de Guéret, nous a mis dans la possibilité d'observer, pendant la saison de la monte, les croisements employés pour améliorer cette race, ainsi que les préceptes qui doivent les diriger, qui, généralement méconnus, ne pourront avoir que des résultats fâcheux. En général les éleveurs pensent plus à l'étalon qu'à la jument, avec la conviction qu'ils ont, n'importe la conformation, la force et les qualités de la jument, d'obtenir un produit qui ressemblera en tous points au père : c'est ainsi qu'ils choisissent toujours pour leurs petites juments, parfois minces et grêles, le plus grand et le plus gros des étalons.

Les croisements avec le cheval anglais ou normand confirment pleinement cette vérité; cette erreur si accréditée et d'une manière si permanante dans le pays est d'autant plus malheureuse que les soins et l'alimentation pour des produits de cette origine manquent complétement.

Pour entraver la marche de cette routine déplorable dans ses résultats, il faudra l'emploi général et continuel de l'étalon arabe.

On a toujours persisté à vouloir faire le cheval de guerre avec des éléments éminemment impropres à ce service. Le cheval arabe doué à un degré éminent de toutes les qualités indistinctement, comme reproducteur dans la Creuse est le seul qui convient dans ce pays.

AMÉLIORATION DE LA RACE PAR L'HYGIÈNE.

L'hygiène n'a pas seulement pour but de maintenir l'état normal de l'organisme, de prévenir les maladies, mais bien aussi d'améliorer la constitution, de donner aux organes et aux qualités instinctives le développement le plus favorable. Elle a donc un rôle tout tracé, elle peut seule travailler avec efficacité à l'amélioration du cheval de guerre ou de bon service, avec elle on lutte avantageusement contre la double influence de l'origine et d'une mode d'élevage artificiel.

Aussi elle devient plus facile lorsqu'elle s'exerce sur des produits croisés arabes dont l'origine et l'élevage sont en parfaite concordance avec les ressources agricoles du pays, enfin avec la position des éleveurs. C'est ainsi que nous allons examiner l'influence des agents hygiéniques, comme celle de l'alimentation, du logement et de l'exercice, tout en parlant de ce que nous avons été à même d'observer.

ALIMENTATION.

C'est au point de vue de l'entretien des animaux et de l'amélioration des races que l'étude de l'alimentation devient nécessaire. La nourriture agit sur les animaux par sa quantité et les qualités particulières qui distinguent certains aliments. Dans la Creuse, les aliments sont donnés avec trop de parcimonie, et ensuite ne renferment pas assez de principes alibiles pour réparer les pertes occasionnées par l'exercice des fonctions et par les différentes phases du jeune âge, de là vient que les animaux sont faibles et surtout se développent mal, tandis que avec une bonne alimentation bien réglée et surtout plus riche en principes alibiles on peut facilement arriver à l'apogée de la taille, de la force et de la conformation que la nature accorde aux jeunes sujets; combien n'avons-nous pas vu de chevaux achetés à l'âge de quatre ans pour le service de la cavalerie légère, acquérir au dépôt la taille et la corpulence du cheval de ligne, et qui plus tard ont été classés ainsi? L'influence de l'alimentation est un fait connu et on ne pourrait mettre en doute qu'elle est forte et toute puissante, plus prompte même qu'aucune autre à produire des modifications de forme et de taille et avec elle arriver à l'achèvement complet d'une constitution robuste. Mais c'est dès le jeune âge qu'il faut commencer l'administration de la bonne nourriture, c'est-à-dire à la deuxième période du premier âge, époque à laquelle l'accroissement fait des progrès et que l'ensemble de la conformation tend à se régulariser, enfin à revêtir peu à peu ce caractère d'achèvement et les proportions qui appartiennent au type de la race.

Après tout, la fonction digestive est la fonction dominante de l'organisme, elle tient toutes les autres sous sa dépendance, elle fournit au sang les matériaux de sa réparation, et par le sang à tous les organes ceux de la nutrition; on conçoit alors facilement que l'accroissement général du corps sera d'autant plus rapide et plus complet que le jeune animal recevra une nourriture plus abondante et plus riche en principes nutritifs.

L'heureuse influence de l'amélioration sur les jeunes sujets est incontestable, mais nous ne voulons pas pour cela faire ressortir de cette influence des résultats exagérés, mais bien lui accorder une action dans des limites en concordance avec le genre de service auquel on veut les employer, c'est-à-dire compatibles avec les bénéfices réalisables pour l'éleveur.

Voici ce qui arrive du reste dans la Creuse où l'alimentation est parcimonieuse, insuffisante ou de mauvaise qualité; c'est que les croisements de petites juments avec de trop grands étalons et d'origine non en rapport avec les conditions agricoles du pays n'arrivent pas à la taille ni à la conformation à laquelle on pouvait prétendre avec une meilleure alimentation; à l'âge adulte ils sont grêles, décousus, peu propres à toute espèce de service et, par dessus tout, leur élevage aura été difficile. Les croisés anglais et normands servent d'exemple, tandis que avec l'étalon se rapprochant le plus de la race du pays, par conséquent des conditions agricoles, on arrivera avec une modeste alimentation à de bons résultats, tout en mettant de côté l'alimentation à grands frais d'avoine.

STABULATION.

Il est bien reconnu que les animaux les plus assujettis à l'état de domesticité sont les plus exposés aux maladies; or, le cheval dans son jeune âge, soumis à un repos incompatible avec sa force et son besoin de liberté, est plus en danger que tout autre animal d'être détérioré, car, non-seulement il n'est pas libre de ses mouvements, étant toujours enfermé ou attaché, mais le plus souvent encore il est logé dans des écuries sombres, malsaines, en un mot, privées d'air et de lumière.

6

C'est ce qui arrive précisément dans la Creuse où, d'un bout de l'année à l'autre, les juments dans de pauvres herbages, parfois mal clos, ce qui leur permet alors de s'en éloigner, sont, le plus souvent ainsi que leurs produits, une fois arrivés à l'âge de trois ans, entravés de la manière la plus barbare, exposés aux intempéries et ne rentrent que lorsque l'hiver devient tout à fait rigoureux, dans des écuries mal aérées, où la litière ou plutôt le fumier reste entassé, s'échauffe, augmente la température et exhale sans cesse une odeur des plus malfaisantes. C'est ce qui a lieu, au sublime degré, dans les écuries renfermant du bétail de toutes espèces et dont la capacité intérieure ainsi que la dimension et la disposition des ouvertures pour le renouvellement de l'air laissent beaucoup à désirer. L'introduction d'une quantité d'air extérieur, quoique favorisée par l'ouverture constante des portes, ne tarde pas à être viciée par les exhalaisons provenant des crottins et des urines en putréfaction. Il est impossible qu'un semblable régime ne nuise pas au bon état de ces animaux, exposés à des refroidissements sous l'influence des nuits humides et glaciales, et de plus n'étant soumis à aucun travail, les produits arrivés à l'âge de trois à quatre ans, gênés dans leurs mouvements dans les pâturages par les entraves, deviennent raides dans leurs membres, froids dans leurs épaules et, quoique l'on puisse dire, la jument ensuite transmet par voie de génération à ses produits ses fâcheuses dispositions.

EXERCICE.

Il est reconnu que l'exercice ne développe pas seulement l'appareil de la locomotion, mais qu'il fortifie aussi les organes, qu'il donne une bonne constitution, affermit le tempérament, corrobore la santé et peut même puissamment contribuer à guérir les maladies.

Les effets salutaires de l'exercice, et de l'exercice au grand air surtout, sont donc sanctionnés par l'expérience.

Mais dans ces conditions est-il nécessaire de laisser les poulains avec leurs mères, libres dans ces pauvres herbages? Évidemment non, car le cheval peut parfaitement être élevé sans pâturages ;

convenablement nourri à l'écurie, il peut très-bien devenir fort
et vigoureux. Cette question est d'une haute importance pour les
progrès agricoles du pays, en ce sens qu'il ne serait pas nécessaire
de laisser les terres de ces vastes enclos destinés aux poulains
et aux mères, sans culture, et qu'il serait infiniment plus rationnel
de donner aux élèves et aux mères une nourriture plus convenable à la crêche, de leur attribuer une part de travail dans l'exploitation suivant leur force, leur âge, tel que cela se pratique dans
les pays où l'agriculture est plus avancée.

Cette question, nous ne voulons pas l'envisager seulement par
rapport aux formes, à la taille, aux qualités, à la rusticité qu'acquièrent les produits, mais bien eu égard à l'économie, aux con-
venances agricoles, au prix de revient des produits, et sous ce
double point de vue, elle doit être résolue par des faits. Nous
pourrions citer à l'appui de la possibilité de l'élevage à l'écurie
plusieurs exemples concluants qui se sont présentés dans la
Creuse (*) et que l'on devrait généralement imiter, si réellement
dans le pays on tenait sérieusement aux progrès de l'industrie
chevaline.

Cette méthode procurerait de nombreux avantages : la moitié
du terrain consacré au pâturage suffirait pour fournir le fourrage
vert nécessaire ; il n'y aurait plus de perte d'engrais, ce qui permettrait alors de cultiver les racines fourragères, enfin le fourrage artificiel ; les animaux ne souffriraient pas de la chaleur et des
insectes, ni de la pluie et du froid glacial pendant la saison de
l'hiver ; les maladies et les accidents seraient beaucoup plus
rares, ensuite leur nourriture serait suffisante et régulière, tandis
que la pâture leur est disputée par un nombre considérable
de gros bétail, et par cela même il arrive le plus souvent qu'ils
ne sont pas assez nourris.

A cela on pourrait objecter, qu'élevés ainsi, les chevaux ne

(*) MM. Martin de Lignac, à Montlevade et de Monthas, à Ahun obtiennent
toujours par les soins et l'alimentation des résultats hors ligne, comparative-
ment aux autres éleveurs. C'est ainsi que nous les avons vus vendre aux gen-
darmes, directement, deux chevaux dans des conditions remarquables sous tous
les rapports. M. de Monthas, fait en outre des chevaux de race distinguée et
parfaitement réussis.

prennent pas l'exercice qui leur est indispensable. Pourquoi alors entre les repas et tous les jours, si la température le permet, ne les laisserait-on pas pendant plusieurs heures en liberté dans un espace attenant aux écuries mêmes? Mais encore ce genre d'exercice est-il bien inférieur à celui du travail proprement dit, proportionné à l'âge et à la force des jeunes sujets, afin d'éviter la ruine anticipée. Le travail tel que nous le comprenons n'est donc pas seulement avantageux en payant la nourriture ou au moins permettant de l'améliorer, mais il est encore utile sous différents autres rapports que nous allons indiquer. Ainsi on recommande le travail pour l'étalon, parce qu'il est reconnu que le travail augmente ses qualités prolifiques et le rend susceptible de procréer des produits faciles à dresser, et qu'en somme les qualités comme les défauts sont héréditaires; en outre le travail devient nécessaire pour les jeunes produits, il les habitue à l'homme et les rend dociles, les développe et les rend forts et vigoureux.

Ces considérations s'appliquent également aux juments poulinières, c'est une faute, comme on le fait, de les laisser oisives pendant toute l'année. Pourquoi alors ne ferait-on pas dans la Creuse comme dans les pays de labour où la jument a sa place et sa fonction dans l'exploitation, où elle paye journellement ce qu'elle consomme et ne reste indisponible que quinze jours avant et quinze jours après la mise bas? Le travail que fait la jument permet de faire entrer le grain pour une large part dans son alimentation, la quantité et l'abondance du lait qu'elle donne à son poulain s'en ressentent jusqu'à l'époque du sevrage : le produit n'a rien coûté au propriétaire, sa valeur est pour lui un bénéfice net. N'importe à quoi il le destine, le laboureur qui conserve son produit ou qui l'achète ne lui ménage pas les aliments : la certitude qu'il a en le nourrissant bien de pouvoir de bonne heure lui donner une part dans ses travaux légers, car à l'âge de deux ans et demi le cheval a sa fonction, tantôt c'est une herse légère qu'on lui fait traîner, ou on l'attelle devant les autres, les services qu'il rend permettent par conséquent de le nourrir convenablement. Il commence donc à recevoir dès cet âge une alimentation de même nature que celle qu'il doit avoir

lorsqu'il aura acquis tout son développement. A ceci le cultivateur de la Creuse répondra, qu'il ne peut ni élever beaucoup de
chevaux, ni les nourrir convenablement, vu que ses travaux
agricoles se font avec les bœufs et que le cheval pour lui n'est
d'aucune utilité. Pour toutes ces raisons nous croyons fermement
que la multiplication et l'amélioration de l'espèce chevaline au-
ront toujours à souffrir'de ce calcul, que du reste il ne nous est pas
permis de condamner à cause du bénéfice bien constaté que
les éleveurs de la Creuse obtiennent par l'industrie bovine ; mais
nous ne devons pas moins constater qu'il est de règle physiologique qu'un travail en rapport avec la force de la machine l'en-
tretient en état. Quelle que soit la nature de l'exploitation il
y a toujours moyen d'occuper un cheval. Tout le monde sait que
chaque saison a ses travaux particuliers, ainsi le transport des
foins, des denrées en général, celui des engrais, puis le service
de cabriolet ou de selle, pour aller aux marchés voisins, sont
autant de travaux auxquels les chevaux peuvent être utilisés.
Le travail n'est donc pas seulement avantageux en payant la
nourriture des chevaux, il est aussi nécessaire pour accroître
leurs qualités, pour les rendre forts, vigoureux et adroits, et
qu'en définitive, c'est un produit qui ajoute à la valeur de la
propriété et sous tous les rapports préférables à cette oisiveté
continuelle dans les pâturages.

MALADIES DONT LES CHEVAUX SONT LE PLUS FRÉQUEMMENT ATTEINTS.

Les maladies dont les chevaux de la Creuse sont le plus communément atteints, sont :

La hernie ombilicale ; le rhumatisme musculaire ; les maladies
du système osseux ; la gourme ; les maladies de poitrine ; les maladies des voies digestives ; l'anémie.

Hernie ombilicale.

La hernie ombilicale a été fréquemment observée pendant
l'année 1859, et sur des produits d'origine anglaise ; cette tumeur

apparaissait le plus souvent peu de temps après la naissance;
celles que nous avons eu occasion d'observer ont été traitées
par les confrères des différentes localités par le procédé Dayot,
c'est-à-dire par des applications successives d'acide azotique.
Sur huit traitements nous avons été témoin de huit guérisons.
L'emploi des casseaux ayant occasionné la perte de plusieurs jeunes sujets, les propriétaires repoussent aujourd'hui ce procédé
opératoire qui, la plupart du temps, n'a été mis en pratique
que par les empiriques.

Rhumatisme musculaire.

Nous avons également eu occasion d'observer plusieurs cas de
rhumatisme musculaire : sur trois poulains, il en est deux chez
qui nous avons remarqué de la roideur et de la gêne dans toute
l'arrière-main, principalement du membre postérieur droit, et
sans cause apparente; tous les deux étaient tristes, ne man-
geaient pas, leur poil était piqué; pendant que leurs mères
changeaient de place dans le pâturage ou dans l'écurie, ils se
tenaient sans mouvement et debout, sans changer de place,
dans un coin éloigné des autres animaux; forcés de se mettre
en mouvement, les membres postérieurs ne fonctionnaient que
comme une seule pièce, et impossible de les faire reculer; aucun
trouble du reste dans les autres fonctions, si ce n'est que le nombre de pulsations était augmenté. Trois autres cas de rhumatismes des muscles intercostaux furent également observés par nos
confrères civils, les symptômes simulaient par les mouvements
respiratoires parfaitement ceux de la pleurésie.

Les fumigations aromatiques, les frictions sèches et d'eau-de-
vie camphrée sur les reins et les membres, ainsi que sur les
parois thoraciques, ont été les moyens employés et dont les
résultats ont toujours été satisfaisants.

Comme nous attribuons cette affection, très-souvent observée
par nos confrères civils, au séjour permanent pendant le mauvais
temps et le froid dans des pâturages bas et humides, nous avons
conseillé aux personnes avec lesquelles nous avons eu occasion
d'en parler, de supprimer le séjour de ces jeunes animaux dans

les pâturages pendant le mauvais temps et la mauvaise saison, et de les tenir, au contraire, dans des écuries d'une température douce et de les faire coucher sur une bonne et abondante litière.

Maladies du système osseux.

Les affections des os sont encore assez fréquentes et se présentent le plus communément sous forme de suros, d'éparvins, surtout de jardes et de formes. Parmi les moyens employés pour combattre ou empêcher le développement de ces tares, nous n'en pouvons citer aucun dont l'efficacité soit bien certaine.

Aussi les éleveurs, ainsi guidés par l'expérience, ne veulent-ils pas s'engager dans les dépenses d'un traitement le plus souvent d'aucune utilité lorsque la tare est bien accusée. Les tares susnommées existent d'ordinaire chez les chevaux de race et sont presque toujours un motif de rejet par la commission de remonte. Les vrais moyens capables d'éloigner ces accidents sont : le rejet des étalons atteints d'une tare à même de se transmettre par voie de génération; leur remplacement par d'autres, sains, nets, d'une bonne constitution et qui s'adaptent surtout aux conditions agricoles du pays.

On pourrait aussi diminuer la fréquence de l'apparition des formes en conseillant aux éleveurs de ne pas entraver leurs poulains; l'appareil le plus souvent employé pour cet usage est en fer, grossièrement confectionné, aussi on conçoit sans peine que son propre poids et le chevauchement forcé et continuel qu'il produit sur le paturon et la couronne donnent lieu à des plaies contuses, des formes enfin. Notons encore et sans nous tromper, comme cause productrice des affections de l'appareil tendineux les efforts pénibles que les entraves obligent ces jeunes animaux à faire soit pour franchir un fossé, soit un obstacle quelconque.

Gourme. — Maladies de poitrine. — Inflammations du tube intestinal.

Les affections gourmeuses et les maladies de poitrine se déclarent après l'arrivée de jeunes chevaux au dépôt de remonte, rarement chez les propriétaires.

Quant aux causes de ces affections, nous ne pensons devoir les attribuer qu'au changement de nourriture, enfin à la différence de quantité et de qualité d'aliments qu'ils reçoivent à leur arrivée au dépôt; et malgré l'usage du régime de transition auquel on les soumet, qui est strictement observé, il n'est pas moins vrai que la manifestation de ces affections a lieu tous les ans et que leur intensité varie avec les changements atmosphériques. C'est pendant l'année 1859, où les chaleurs furent intenses et continuelles, que les affections gourmeuses furent généralement rebelles et presque toujours compliquées d'autres maladies, d'angine laryngée notamment, mais rarement de maladies de poitrine, tandis que pendant l'année 1860, généralement froide et humide, elles furent d'une bénignité remarquable.

Les poulains, depuis leur naissance jusqu'à un ou deux mois au plus avant d'être présentés à la remonte, sont nourris dans des pâturages de très-médiocre qualité où le plus souvent ils ne trouvent qu'une herbe courte et rare. Ces jeunes animaux, dans de semblables conditions, s'entretiennent avec peine et s'élèvent par conséquent dans un état de maigreur voisin de la misère. Peu de temps avant de les présenter à la remonte on les place pour se nourrir, pendant le jour, dans des pâturages où l'herbe est plus abondante et plus riche, et le soir on les rentre à l'écurie pour y recevoir un supplément de foin, très-rarement de l'avoine; et si, par exception, un très-petit nombre de propriétaires donnent de l'avoine, ce n'est toujours qu'en très-faible quantité; dans aucun cas on ne les fait travailler.

Malgré le régime de transition auquel ils sont soumis, sitôt leur arrivée au dépôt, l'influence de ce changement de nourriture qui frise de près la surabondance, si on veut comparer l'alimentation qu'ils reçoivent au dépôt avec celle qu'ils avaient chez l'éleveur, ne tarde pas à produire son effet, en donnant à ces animaux de l'embonpoint, un sang riche et abondant, auquel l'organisme n'est pas habitué, et occasionne ainsi ces gourmes, qui le plus souvent ne sont point dangereuses, mais qui dans certaines circonstances ont besoin de soins prompts et assidus, surtout lorsqu'elles menacent de se porter sur les viscères renfermés dans la cavité thoracique.

Pour prévenir cet état de choses, comme nous l'avons du reste déjà dit dans nos rapports annuels de 1857, 1858 et 1859, sitôt arrivés à l'établissement, les chevaux sont classés selon leur état d'embonpoint et soumis au régime de transition, pour atténuer autant qu'il nous est possible les mauvais effets d'un changement de nourriture plus riche en principes nutritifs, que celle qu'on leur donnait précédemment, et ainsi arriver graduellement à la ration réglementaire. Si ces moyens n'évitent pas toujours le développement de ces affections, ils n'ont pas moins l'avantage de les rendre plus bénignes, et par conséquent moins dangereuses, mais lorsque les maladies se déclarent avec les caractères franchement inflammatoires, c'est alors seulement qu'il faut avoir recours à nos connaissances médicales pour combattre au plus vite les affections qui se développent. Nous n'hésitons pas à recourir aux émissions sanguines, lorsque l'inflammation envahit les organes principaux de la respiration, jamais nous n'avons eu à nous repentir des saignées pratiquées alors que le sujet n'était déjà pas par trop débilité par des antécédents fâcheux.

L'émétique à doses graduées vient aussi en aide à la phlébotomie et son emploi dans beaucoup de circonstances a puissamment contribué à rappeler une santé très-souvent fortement menacée. Nous ne devons pas moins signaler les bons effets produits par les frictions sèches, les boissons adoucissantes et légèremem nitrées, les révulsifs externes, et la diète sévère au début.

L'entérite aiguë qui, heureusement ne s'observe pas très-souvent, est toujours favorablement combattue par les émissions sanguines copieuses et parfois renouvelées à de courts intervalles. Le moyen de traitement est toujours accompagné de la diète sévère d'abord, puis les frictions sèches sur le corps, les sinapismes sur les membres, aux fesses et à large surface, les lavements et breuvages émollients laudanisés, double couverture et de petites promenades.

Comme nous considérons la gourme, moins comme une maladie que comme une élimination nécessaire des humeurs, nous nous attachons à ne pas abréger, encore moins à arrêter le flux nasal qui presque toujours se remarque dans ce cas.

La saignée ayant pour résultat un rétablissement lent, la maigreur et une constitution le plus souvent débilitée, c'est pour ces raisons que nous l'avons complétement abandonnée, alors déjà que nous étions attaché à la succursale de remonte de Castres, en 1848; ce n'est que dans les cas de complications graves que nous en faisions usage, comme dans ceux de pneumonie, de laryngite, de laryngo-pharyngite, etc.

Lorsque les symptômes principaux ont disparu sous l'influence d'un régime doux, de fumigations émollientes dirigées dans les cavités nasales, de boissons miellées ou d'électuaires adoucissants, parfois de dérivatifs extérieurs, que la gaieté et l'appétit tendent à revenir, nous augmentons de plus en plus la nourriture qui est toujours fortifiante, persuadé que nous sommes qu'un régime débilitant, trop longtemps continué, laisse le malade dans un état de faiblesse duquel il est difficile et quelquefois impossible de le sortir. Arrivé ainsi à la ration journalière réglementée, l'animal reprend bientôt un embonpoint convenable, de la vigueur, et de l'énergie par dessus tout; on le préserve ainsi de cet état d'anémie symptomatique souvent observé dans notre pratique, il y a quinze ans déjà, par suite de saignées abusives et un régime débilitant par trop longtemps continué sans indication sérieuse.

Anémie.

Souvent nous avons été à même d'observer dès leur arrivée, des chevaux dans des conditions d'embonpoint et de fraîcheur médiocres. Cet état nous l'attribuâmes à cette manière rustique et parcimonieuse d'élever les chevaux dans le pays, au manque de soins hygiéniques, ainsi que nous le constations du reste, dans l'article ÉLÈVE DU CHEVAL OU DE SON ÉDUCATION PREMIÈRE.

Par rapport à leur caractère sauvage, à leur aspect rustique, on est souvent disposé à prêter à ces chevaux des qualités que non-seulement ils n'ont pas, mais qu'ils ne pourront jamais acquérir.

Il est impossible, du reste, que les chevaux ainsi élevés, c'est-à-dire sous l'influence de mauvaises conditions hygiéniques, puissent toujours réussir; d'autant moins que, sitôt arrivés à l'établissement, ils ont à lutter contre les influences de ce nouveau milieu dans lequel ils se trouvent, où ils tombent malades presque aussitôt, d'où résultent ces déperditions par le flux nasal, parfois très-abondant et persistant, compliquées de maladie qui entraîne la diète forcée; voici donc deux causes puissantes en faveur de l'anémie : déperdition d'un côté, abstinence forcée d'aliments de l'autre.

Les symptômes observés sont généralement peu accusés et ce n'est qu'après quelques observations pratiques que nous avons été à même de les bien saisir : ainsi, malgré cet état de santé en apparence parfait, il n'est pas moins vrai que les muqueuses apparentes n'avaient pas leur teinte normale, qu'elles étaient toujours moins colorées, les pulsations moins fortes; chez ces mêmes chevaux on remarquait plus tard de la nonchalance dans les allures, ils se coupaient en marchant pendant la promenade et suaient au moindre exercice.

Lorsque le cheval, déjà dans des conditions anémiques tant soit peu prononcées, a eu à subir une privation alimentaire forcée comme cela se rencontre dans certaines affections gourmeuses, c'est alors que la marche de la maladie devient plus rapide, qu'elle fait des progrès sensibles et si évidents, qu'il est impossible de mettre en doute l'existence de cet état morbide, commençant avant leur arrivée au dépôt; c'est à ce moment que l'appétit diminue, que la digestion est moins active, que l'urine est plus claire et beaucoup plus abondante, les crottins plus rares, plus petits et plus secs; que le poil et les crins s'arrachent facilement. L'appauvrissement du sang devient évident par la décoloration bien prononcée des muqueuses apparentes, par l'accélération des mouvements du cœur, du flanc et la transpiration qui surviennent par suite d'une simple promenade au pas, et peu de temps après leur rentrée à l'écurie; la partie inférieure des membres s'engorge, et au moment de son émission, l'urine coule de la vessie sans que le cheval se campe ou fasse le moindre mouvement, enfin l'habitude extérieure indique un état de prostration indéfinissable.

En dehors des symptômes que nous venons de rapporter, nous avons vu dans plusieurs cas d'anémie l'embonpoint augmenter avec toutes les apparences d'une santé allant de mieux en mieux ; ce qui nous a frappé le plus, c'est que le cheval portant le nº 5,024, atteint d'anémie, mais chez lequel un mieux marqué paraissait faire des progrès tous les jours, fut, après sa botte mangée le matin, conduit à l'abreuvoir ; il était alors huit heures du matin, à neuf heures un quart nous le trouvâmes mort dans sa stalle. Il avait encore pris son repas d'avoine, s'était couché ensuite, les extrémités engagées sous le ventre, la tête levée et appuyée contre la muraille, les yeux ouverts, enfin, il avait tout à fait la position et l'aspect d'un cheval qui se repose.

Pronostic. — L'anémie est toujours peu grave lorsqu'elle est la conséquence d'une privation alimentaire momentanée, comme elle a lieu dans les cas d'angine laryngo-pharyngée par exemple, mais lorsque son développement a eu pour cause une alimentation par trop parcimonieuse et que son influence a déterminé une modification sensible dans les éléments constituants du sang, la maladie alors est grave, plus rapide dans sa marche et résiste le plus souvent aux moyens thérapeutiques les plus éclairés et aux soins hygiéniques les mieux entendus ; dans ces conditions elle est le plus souvent suivie de mort.

Traitement préservatif. — Dès l'arrivée des jeunes chevaux au dépôt, ils sont soumis au régime de transition dont la durée varie selon l'état de chacun d'eux. Ceux dont l'embonpoint n'est pas satisfaisant sont immédiatement soumis à une alimentation fortifiante et de facile digestion, composée d'avoine concassée, de foin imprégné d'eau salée. On ne pourra jamais assez recommander de bien examiner et de surveiller les jeunes chevaux sitôt leur arrivée au dépôt, et pour peu que leur aspect puisse faire soupçonner l'existence d'un état tant soit peu léger d'appauvrissement du sang, il faut les soumettre au plus vite à un régime tonique, renoncer également aux saignées pour les affections dont nos jeunes chevaux sont le plus souvent atteints, affections qui tendent, dans l'immense majorité des cas, à prendre un caractère catarrhal, à moins qu'il ne s'agisse d'une

affection viscérale grave; encore faudrait-il qu'elle fût sérieusement indiquée. S'abstenir surtout de prescrire une diète trop
sévère et de trop longue durée, fortifier au contraire, au lieu de
débiliter.

Traitement curatif. — Dans le cas d'anémie simple, un bon
régime alimentaire bien dirigé et l'activité de la fonction digestive suffisent dans la plupart des cas à réparer le sang et à faire
disparaître ce désordre morbide qui n'est que passager.

Mais lorsque ce premier état s'est aggravé par une affection
gourmeuse rebelle, telle que la laryngo-pharyngite qui entraîne
naturellement la diète forcée, ou un flux nasal abondant et de
longue durée, que l'appetit a diminué, que l'activité de l'appareil
digestif ensuite ne peut plus compenser les déperditions journaliè-
res, alors nous leur faisions prendre, et de force lorsqu'il le fallait et sous un faible volume, des aliments riches en principes
nutritifs, tels que les mash-toniques, du thé de foin, des lavements amylacés; lorsque les forces commencent à revenir, alors
la boisson ferrée, les électuaires toniques, la carotte mélangée
avec de l'avoine concassée, ainsi que du bon foin choisi, imprégné
depuis la veille d'eau salée, composèrent le traitement employé.

Lorsqu'avec l'appétit, les forces sont revenues, que les muqueuses apparentes tendent à reprendre leur teinte normale, que
l'état du pouls s'améliore, alors il ne nous restait plus qu'à continuer l'alimentation de bonne qualité avec de l'eau ferrée, les
frictions sèches et les petites promenades, pour ainsi arriver à
une guérison complète. Tel est l'ensemble des moyens à l'aide
desquels nous sommes parvenu à combattre avec efficacité quelques cas d'anémie que nous avons eu occasion d'observer.

Autopsie. — Les lésions que nous avons remarquées sont : la
pâleur des muqueuses apparentes, du tissu cellulaire infiltré de
sérosité peu colorée autour et au bas des membres, émacia-
tion et pâleur très-prononcée des muscles.

DES ENCOURAGEMENTS A LA PRODUCTION ET A L'ÉLÈVE DU CHEVAL DANS LA CREUSE.

Pendant longtemps l'industrie chevaline a été dans beaucoup

de départements livrée à elle-même. Chacun alors prenait l'étalon du pays qui paraissait le plus convenable, sans s'inquiéter si cet étalon n'était pas affecté de tares ou d'autres vices de nature à se transmettre par voie de génération.

L'administration des haras eut pour mission de remédier à ce état de choses; au début de son organisation, elle agit sans plan arrêté, prenant de bons chevaux partout où elle les trouvait et les plaçant dans ses stations pendant la saison de la monte; mais le nombre en était restreint et l'industrie privée dut satisfaire à la grande masse des besoins, ce fut là l'origine des primes données par l'État aux étalons réunissant les bonnes conditions du cheval comme reproducteur pour telle ou telle localité, et que l'on désignait ensuite sous le nom d'étalon approuvé.

Mais aujourd'hui, l'administration des haras dont l'action s'exerce par ses étalons et par ses primes d'approbation, suffit au delà au besoin de la reproduction, mais pour la Creuse, il devient indispensable de modifier les éléments, d'exercer un meilleur choix pour les étalons et de n'envoyer que ceux commandés par l'état agricole, par conséquent susceptibles de bien faire dans le pays. Que les procédés aujourd'hui en usage dans la Creuse peuvent contribuer au progrès et à l'amélioration de la race, nous ne voulons pas discuter leur efficacité, mais nous pouvons sans crainte affirmer qu'ils ne sont pas assez certains, assez simples, assez pratiques pour être recommandés à la généralité des cultivateurs. Les petits agriculteurs étant ici les plus nombreux par suite de l'immense subdivision immobilière due à la vente des biens nationaux et à l'égalité de partage dans les successions, ne se trouvent pas dans des conditions de fortune pour s'occuper d'amélioration par le sang étranger. Parmi ceux qui font le cheval, du reste, dont le nombre est déjà très-petit, combien en compterait-on qui oublient la spéculation pour le succès de l'industrie? Ils n'ont qu'un souci, c'est un produit qu'ils veulent, sans s'occuper de ce qu'il peut être un jour, et ils n'ont qu'une pensée, c'est celle de le vendre le plutôt et le plus chèrement possible. Le cheval ne rendant aucun service, sa production ainsi que son amélioration auront toujours à souffrir de son inutilité. On ne peut donc guère les blâmer de spéculer ainsi, mais il ne voient pas au delà de l'intérêt du moment, ils compromettent l'avenir; il y a donc nécessité de faire conserver précisément les bons éléments de reproduction pour le pays, de les entourer de soins de manière à leur faire acquérir les formes et les qualités qui leur sont propres; il faut donc faire conserver les meilleures juments de la race du pays, si justement estimées par leurs qualités spéciales et les livrer aux étalons propres à conserver cette race en l'améliorant; et plus tard en conservant les plus beaux poulains mâles du pays, on finirait par avoir des éléments de reproduction d'élites, et on arriverait ainsi à pouvoir améliorer la race par elle-même.

Mais il ne suffit pas de s'occuper d'améliorer la race seulement, il faut encore en augmenter le nombre par des moyens d'encouragements efficaces, de manière à faire élever et conserver les produits jusqu'à l'âge où ils sont livrés à la remonte. Ceci devient d'autant plus nécessaire que l'expérience a démontré que le poulain né et élevé dans la Creuse, acquiert des qualités précieuses de formes, de vigueur et de sobriété qui caractérisent le cheval de guerre, et que ne peuvent lui donner les autres pays.

Avant de parler des moyens d'encouragements qui, à notre avis, pourraient avoir quelques résultats, nous allons examiner d'abord ceux employés en ce moment.

Tout le monde est d'accord sur le mode d'encourager les éleveurs par des primes, et sans entrer dans de longs détails sur les nombreux systèmes variés mis en usage, nous nous bornerons simplement à dire que, en 1860, de même qu'en 1859, les primes ont été exclusivement réservées aux propriétaires des trois catégories suivantes d'animaux :

1° Juments poulinières indigènes suitées, de quatre ans et au-dessus;

2° Pouliches de trois ans saillies;

3° Pouliches de deux ans, à représenter saillies au concours suivant.

Si ces juments et pouliches primées réunissaient les conditions des bons éléments de reproduction on arriverait bien certainement à des résultats satisfaisants, mais comme on a primé indifféremment les produits des haras, sans tenir compte de la provenance et de la race de l'étalon, tout reste à faire. C'est ainsi qu'on a primé des produits résultant d'un croisement d'un sang étranger à la race du pays (anglais), supérieur quelquefois incontestablement, mais non en rapport avec les conditions agricoles, et pour cette raison on changeait complétement les conditions d'élevage et souvent aussi celles de la vente.

Or, pour arriver à des résultats d'amélioration plus sensibles et mieux définis, ce serait :

1° D'instituer, tous les ans, une prime unique imposante, pour le meilleur et le plus beau produit mâle issu d'origine arabe, ou de la race du pays, né et élevé dans la Creuse, susceptible de faire un beau et bon reproducteur. Pour rendre cette mesure plus efficace encore et pour que les cultivateurs conservent et élèvent convenablement les plus beaux poulains mâles du pays, continuer de primer tous les ans les mêmes sujets représentés dans de bonnes conditions d'avenir et d'entretien : ces primes devront plus tard se cumuler avec les primes d'approbation données par l'État pour favoriser l'industrie étalonnière et rétablir ainsi la classe des étalons indigènes départementaux dont tous les gens pratiques regrettent encore la suppression;

2° Maintenir également les primes pour les juments de quatre ans suitées, pour les pouliches de trois ans saillies par un étalon d'origine arabe, ainsi que pour les pouliches de deux ans à représenter saillies au concours suivant par un étalon de la même origine que les juments et les pouliches de trois ans.

Le nombre des primes de conservation, mais plus rémunératrices que par le passé, devra être augmenté, mais elles ne devront s'adresser qu'aux juments réunissant sérieusement les conditions d'une bonne poulinière pour le pays, ce qui permettrait alors de mieux les nourrir. On dédommagera ainsi largement les éleveurs contre les chances mauvaises auxquelles ils sont exposés. On pourrait encore doubler la valeur de ces récompenses, et à titre d'exemple, par la solennité apportée dans leur distribution, qui devrait toujours se faire au chef-lieu du département où le concours central doit toujours avoir lieu. Toutes ces dispositions s'adressent à l'amélioration de la race locale seulement pour pouvoir arriver plus tard, si cela est possible, à l'amélioration de la race par elle-même, par suite d'un choix judicieusement fait de reproducteurs d'élite dans le pays.

Le fondement premier de la valeur d'une race c'est son utilité. Cette valeur est d'autant plus élevée que la race répond mieux à la nature des besoins qu'elle est appelée à remplir. Dans la Creuse on ne pourra poursuivre avec succès que la culture du cheval léger, dont l'amélioration ne peut être rationnellement possible que par le contact du cheval d'origine arabe.

Il nous reste maintenant à nous occuper des moyens à employer pour encourager la production ou la multiplication. Il est bien reconnu que dans la Creuse la production chevaline tend à diminuer et que celle du bœuf au contraire grandit tous les ans.

Pour encourager la production chevaline il faut dans la Creuse des moyens rémunérateurs autres que les primes qui par leur impulsion peuvent amener le cultivateur à produire le cheval. A ce sujet, nous considérons comme un puissant encouragement l'envoi dans le pays d'un certain nombre de juments, bien qu'elles soient livrées et vendues par l'administration des domaines. Malgré les conditions imposées par le certificat de cession, un bon nombre de cultivateurs adressent à l'avance des demandes tendantes à se rendre acquéreurs, aux conditions qui leur étaient imposées par S. Ex. M. le Ministre de la guerre, nonobstant le prix d'achat.

Mais en consultant le tableau indiquant les résultats obtenus depuis la mise en pratique de cette mesure toute bienveillante, jusqu'en 1859 inclusivement, on a le droit d'être surpris de son mauvais résultat. Pour cette raison sérieusement grave nous désirerions voir modifier le certificat de cession de la manière suivante :

Céder la jument pour rien à l'éleveur (*), l'obliger de la faire

---

(*) D'après les nouvelles dispositions prises par S. Ex. M. le Ministre de la guerre les propriétaires-éleveurs ne payent plus les juments.

7

saillir par un étalon de l'administration du haras ou approuvé par elle , mais d'origine arabe.

Dans le cas où la jument ne produirait pas, ou pour toute autre raison, au lieu de pouvoir s'en défaire après en avoir préalablement obtenu l'autorisation du commandant de l'établissement de remonte, l'éleveur sera au contraire tenu de la rendre au commandant de l'établissement livrancier, son état sera constaté par le vétérinaire et si elle est réellement dans les conditions à ne pouvoir servir à la reproduction, on prendra les dispositions nécessaires pour la faire vendre par l'administration des domaines comme bête réformée.

En dehors de la réforme, et à quelque titre que ce soit, l'éleveur ne pourra se défaire de la jument à moins de payer à l'Etat une somme équivalente à celle du prix d'achat. Faire surveiller et diriger les accouplements, insister sur ce point que l'éleveur fasse connaître chaque année au commandant du dépôt si la jument a eu ou non un produit, et de quel père il provient.

Le choix des juments envoyées par l'administration de la guerre devra toujours être fait au point de vue des conditions agricoles du pays, de manière à ce qu'elles puissent concourir avantageusement pour la reproduction, par conséquent pour les primes d'encouragement, avec celles issues de la race locale. La gratuité des saillies par les étalons du Gouvernement pour les juments primées au concours public, étant déjà d'une influence assez heureuse, pour cette raison nous voudrions voir, sinon totalement supprimer, mais bien abaisser le prix de saillie pour toutes les juments qu'on livre à la reproduction, et dans ce cas on ne devra admettre que celles capables de reproduire convenablement.

En achetant les chevaux de trois à quatre ans et les achetant d'une manière permanente, il résulterait de là un avantage immense pour les petits cultivateurs nécessiteux qui ont besoin de se défaire d'un cheval. Ainsi, acheter les chevaux à l'âge de trois ans pour 400 à 450 francs, ceux de quatre ans, de 500 à 600 francs pour l'arme de la cavalerie légère, ce serait, nous le croyons du moins, un moyen d'émulation des plus puissants en faveur de la production chevaline.

Le système d'encouragement pour l'amélioration et la multiplication de l'espèce chevaline, nous paraît d'une application difficile pour le moment, mais en faisant ces choses d'une manière constante et sans passer d'un système à un autre sans raison aucune, et en faisant fonctionner simultanément les encouragements susmentionnés, peut-être arriverait-on à l'amélioration de la race et à une population chevaline croissante.

A notre avis, ce ne sont ni les étalons de l'État seuls, quelques bons qu'ils soient, ni les encouragements, quelques forts et bien distribués qu'ils puissent être, qui peuvent améliorer et multiplier la race de ce pays : l'industrie bovine sera encore pour longtemps l'écueil contre lequel viendra échouer l'industrie chevaline. En admettant même que l'État veuille, dans sa haute sollicitude, faire les sacrifices commandés par l'état actuel de la production du cheval dans le pays, ce ne sera pas moins à l'éleveur qu'il appartiendra de continuer avec plus de zèle, avec plus de ténacité, en un mot, sans rien négliger pour le succès de l'augmentation de la population chevaline et de son amélioration; mais on n'obtiendra ce but qu'autant qu'on aura de bonnes poulinières, que l'on conservera les sujets les plus capables de le devenir et que leurs produits seront soumis à une hygiène large et mieux entendue, et pour cela, il faudra que l'agriculture elle-même fasse des progrès pour changer également la position de l'éleveur.

RÉSUMÉ.

D'après ce que nous venons d'étudier, il résulte :

1° Que le département de la Creuse, sous le rapport de sa position, de son sol, de son climat, de la nature de ses herbages est favorable à l'élève du cheval pour l'arme de la cavalerie légère, et que, avec d'autres méthodes d'agriculture, il pourra produire plus de fourrages et de meilleure qualité;

2° Que si l'agriculture est arriérée dans ce département, cela tient tout à la fois à la médiocrité du sol et à l'imperfection des pratiques agricoles;

3° Que le climat est favorable à la santé des hommes et du bétail, mais que les brusques variations atmosphériques font restreindre les cultures qui se bornent au seigle, au blé-noir, aux raves et aux pommes de terre; le froment et le trèfle ne viennent que par exception sur le sol creusois, essentiellement granitique et dépourvu d'éléments calcaires;

4° Que la terre ne se prête pas à la culture du froment, des plantes sarclées et des prairies artificielles, et que, avec aussi peu de plantes, l'assolement ne saurait être régulier;

5° Que le sol et le climat ne sont pas les seuls obstacles qui s'opposent au développement de l'agriculture dans la Creuse, mais bien aussi l'émigration, le morcellement du sol et l'ignorance;

6° Que la Creuse possède une race unique, incomplétement définie en ce moment par suite de son abâtardissement et de l'emploi d'étalons à types les plus divers et contraires à la race du pays;

7° Que les méthodes judicieuses d'élevage sont à peu près inconnues; l'appareillement intelligent, soins hygiéniques, nourriture bonne et en quantité suffisante, dressage, éducation, tout est à créer dans ce département;

8° Que l'étalon de race anglaise ne convient pas en général pour la masse des poulinières du pays, pas plus que l'étalon normand; parce que l'influence de conditions favorables manque et que pour toutes ces raisons il y va de l'intérêt du propriétaire de ne viser qu'à faire le cheval de cavalerie légère, parce que l'alimentation donnée aux produits répond peu aux exigences de développement et de force que réclame le produit d'une race perfectionnée, surtout originaire d'un pays à riche culture;

9° Que la culture de la terre se fait avec les bœufs; les chevaux ne rendant aucun service ont beaucoup à souffrir de leur inutilité et que pour cette raison encore la production chevaline n'a pas dans ce département l'activité qu'on lui suppose;

10° Que la venue facile des races bovines, les bénéfices qu'elles donnent font préférer la production bovine à celle chevaline;

11° Que la production chevaline tend à diminuer, que le nombre de saillies des années 1858, 1859 et 1860, le démontre clairement;

12° Que le département se trouve pour les saillies, et par conséquent pour le nombre de produits, à peu près au même point en 1860 qu'en 1855;

13° Que dans la Creuse la remonte ne peut acheter en moyenne qu'un nombre de 70 bons chevaux, aptes au service, ainsi répartis :

Pour la cavalerie de ligne.................. 10
—   légère.................... 60
                                        ————
            Total............... 70

14° Qu'en 1859 le nombre des achats n'ayant pas été limité on n'a atteint que le chiffre de 89, dont 8 destinés pour monter MM. les aumôniers ou officiers d'administration, et qu'à cet effet une tolérance de taille avait été accordée ;

15° Que l'industrie mulassière est peu en faveur dans la Creuse, le canton de Felletin est le seul qui produit des mulets et en faible nombre ; que l'on cherche à donner plus d'extension à cette industrie et qu'à cet effet on a créé à Felletin un atelier composé de deux baudets ; que cette industrie n'a jamais existé dans la Creuse que d'une manière temporaire et accidentelle ;

16° Que l'industrie chevaline ne pourra jamais prendre une grande extension, cependant mieux dirigée on pourrait élever davantage et faire de meilleurs chevaux ; que le logement et une bonne nourriture manquant, l'accroissement se trouve par conséquent entravé par la difficulté de pouvoir conserver les produits ;

17° Que l'administration des haras, par son action directe sur le choix des étalons que font les éleveurs, devra au moins pourvoir les stations dans la Creuse d'étalons en rapport avec la race du pays et les conditions agricoles ;

18° Que l'étalon d'origine arabe seul est à même d'améliorer la race du pays et de lui rendre complétement son ancienne valeur, ou bien qu'on envoie dans la Creuse des étalons de race barbe que l'on se procure plus facilement que ceux de race arabe : moins parfaits que ceux-ci ils peuvent cependant être employés très-avantageusement dans ce pays ;

19° Que la race chevaline de la Creuse a besoin, pour se former et s'établir, d'une succession de plusieurs années et du continuel emploi de l'étalon arabe ou barbe ;

20° Que les maladies sont, à peu de choses près, les mêmes que celles qui appartiennent au pays d'élève ; les maladies de poitrine pourtant sont rares, et qu'on observe assez souvent l'anémie simple ;

21° Que le talent et l'utilité ne consistent pas uniquement à répandre, à renfermer le sang arabe ou barbe dans les veines de quelques individus seulement, mais bien à répandre, à circonscrire le sang dans les veines de toutes les juments de la race du pays, à quoi nous devons ajouter les soins de régime et d'entretien qui doivent toujours être les mêmes;

22° Qu'il ne faut pas chercher à grossir et grandir par les pères, mais bien par de bonnes juments, qu'il faut s'attacher également à une meilleure alimentation, enfin à l'âge et aux conditions convenables des juments avant de les consacrer à la reproduction;

23° Que les encouragements donnés jusqu'ici n'ont pas produit les résultats que l'on pouvait espérer; ainsi l'argent distribué tous les ans en primes, l'envoi des juments par l'administration de la guerre, et l'assurance qu'ont les éleveurs de vendre avantageusement à la remonte les chevaux aptes au service de l'armée. Tous ces moyens d'encouragements quoique fonctionnant simultanément n'ont pas produit les résultats qu'on en attendait;

24° Que des mesures énergiques, d'une action permanente, sont impérieusement recommandées pour arriver à faire remplir aux éleveurs, ou ceux qui se disent éleveurs et qui possèdent des juments concédées par l'Etat, les conditions imposées par le certificat de cession;

25° Que nous considérons les achats faits par la remonte, comme le meilleur et le plus certain débouché, et portant un véhicule puissant à la multiplication et au perfectionnement de la race chevaline du pays;

26° Que les encouragements sont indispensables quant à présent, convaincus que sont les cultivateurs, fermiers ou métayers qu'avec l'industrie chevaline il n'arriveront jamais à la hauteur des bénéfices que leur produit l'industrie bovine;

27° Que pour cette raison il faut continuer ce qui se fait aujourd'hui en faveur de la poulinière et pouliche, rendre les primes plus sérieuses en augmentant leur valeur numéraire et en décernant une prime unique supérieurement rémunératrice pour le plus beau produit mâle de la race locale, et continuer ainsi ces encouragements jusqu'à ce que la population chevaline ait augmenté, que la race soit mieux définie, bien établie et suffisamment bonne;

28° Qu'en admettant même que l'Etat veuille, dans sa haute sollicitude, faire les sacrifices que nous proposons pour développer l'élevage du cheval, nous n'avons pas moins la conviction que l'éleveur préfèrera toujours la production du bœuf, craignant qu'en élevant convenablement, et dans le but de faire de bons chevaux, il ne se jette dans une voie au bout de laquelle il croit trouver la ruine.

TABLE ALPHABÉTIQUE.

—

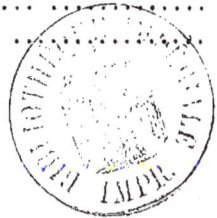

www.ingramcontent.com/pod-product-compliance
Lightning Source LLC
Chambersburg PA
CBHW071450200326
41519CB00019B/5698